中等职业教育课程改革规划新教材配套教学用书

计算机应用复习与练习

魏茂林 主 编

电子工业出版社

Publishing House of Electronics Industry

北京·BEIJING

内 容 简 介

本书根据教育部修订的《重点职业学校计算机应用基础教学大纲》的要求编写，是《计算机应用基础》（Windows XP+Office 2003）的配套学习用书。主要内容包括计算机基础知识、Windows XP 操作、因特网应用、文字处理软件的应用、制作电子表格、多媒体软件应用、制作演示文稿等，同时满足学生参加职业院校对口高职单招考试复习需要，兼顾学生获取全国计算机等级考试、职业资格证书考试的需求。

本书按照"学习目标—知识要点—例题解析—巩固练习—上机操作"结构组织内容，对计算机基础知识进行了梳理、概括、补充和总结，同时给出了大量的巩固练习题和上机操作题，巩固练习给出了参考答案，便于学习使用。

本书作为《计算机应用基础》（Windows XP+Office 2003）的配套学习用书，也可以作为其他人员学习计算机应用的参考书。

图书在版编目（CIP）数据

计算机应用复习与练习 / 魏茂林主编. —北京：电子工业出版社，2013.4
中等职业教育课程改革规划新教材配套教学用书

ISBN 978-7-121-20126-4

Ⅰ.①计… Ⅱ.①魏… Ⅲ.①电子计算机－中等专业学校－教学参考资料 Ⅳ.①TP3

中国版本图书馆 CIP 数据核字（2013）第 068007 号

策划编辑：关雅莉
责任编辑：郝黎明　　　文字编辑：裴　杰
印　　刷：北京宏伟双华印刷有限公司
装　　订：北京宏伟双华印刷有限公司
出版发行：电子工业出版社
　　　　　北京市海淀区万寿路 173 信箱　邮编　100036
开　　本：787×1 092　1/16　印张：9.25　字数：236.8 千字
版　　次：2013 年 4 月第 1 版
印　　次：2017 年 8 月第 3 次印刷
定　　价：29.80 元

凡所购买电子工业出版社图书有缺损问题，请向购买书店调换。若书店售缺，请与本社发行部联系，联系及邮购电话：（010）88254888，88258888。

质量投诉请发邮件至 zlts@phei.com.cn，盗版侵权举报请发邮件至 dbqq@phei.com.cn。

本书咨询联系方式：（010）88254617，luomn@phei.com.cn。

前　言

　　本书根据教育部修订的《重点职业学校计算机应用基础教学大纲》的要求进行编写，是《计算机应用基础》的配套学习用书。为学生巩固计算机基础知识和提高操作技能，对计算机基础知识要点做了梳理、总结和归纳，按照"学习目标—知识要点—例题解析—巩固练习—上机操作"结构组织内容，着重培养学生的计算机应用技能，体现以能力为本位的教学指导思想。本书以 Windows XP 为操作平台，Office 2003 技能训练为目标，主要内容包括计算机基础知识、Windows XP 操作、因特网应用、文字处理软件的应用、制作电子表格、多媒体软件应用、制作演示文稿等，同时满足学生参加职业院校对口高职单招考试复习需要，兼顾学生获取全国计算机等级考试、职业资格证书考试的需求。

　　本书是对计算机应用基础教材内容进行了全面概括和总结，在学习过程中注重培养动手操作能力和应用能力，具体表现在计算机基本操作能力，体现在计算机基础知识、操作系统的使用等内容；办公应用能力，体现在文字处理、数据处理、信息的展示、发布等内容；网络应用能力，体现在 Internet 的应用、网络信息获取、电子邮件的应用、网络空间的使用等内容；多媒体技术应用能力，体现在文字、图像、音频、视频信息的综合应用等。为培养上述计算机应用能力，书中给出了大量的巩固练习和上机操作题，便于学生更好地掌握所学的知识和提高应用能力。

　　本书由魏茂林主编，丛培丽任副主编，参加编写的还有王彬、周莉莉、姜涛、顾巍、王延平、李伟军、刘元杰，在此一并表示感谢。

　　由于编者水平有限，书中难免有疏漏之处，请读者批评指正。

编　者

2013 年 3 月

目　录

第 1 章

计算机基础知识

1. 了解计算机的发展史及其应用领域；
2. 了解计算机软、硬件系统的组成和功能；
3. 了解计算机系统的配置及主要技术指标；
4. 理解常见的存储单位的含义及单位间的换算；
5. 了解存储设备的种类、作用和使用方法；
6. 了解输入/输出设备的作用，会正确连接和使用这些设备；
7. 了解通用外部设备接口的使用方法，会正确连接常用外部设备；
8. 了解键盘键位及功能，会正确使用键盘录入字符；
9. 掌握对窗口、菜单、工具栏、任务栏、对话框等基本元素的操作；
10. 了解信息安全的基本知识，并具有信息安全意识；
11. 了解计算机病毒的基础知识和防治方法；
12. 了解并遵守知识产权等相关法律法规和信息活动中的道德要求。

1.2 知识要点

一、计算机发展及应用领域

1946 年 2 月，在美国宾夕法尼亚大学诞生了世界上第一台电子计算机 ENIAC（埃尼阿克）。美国科学家冯·诺依曼针对第一台电子计算机存在的问题提出了通用计算机方案——"程序存储结构"，被誉为"电子计算机之父"。

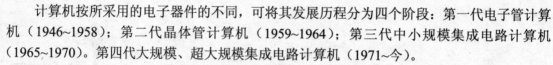

计算机按所采用的电子器件的不同，可将其发展历程分为四个阶段：第一代电子管计算机（1946~1958）；第二代晶体管计算机（1959~1964）；第三代中小规模集成电路计算机（1965~1970）。第四代大规模、超大规模集成电路计算机（1971~今）。

计算机的发展趋势：巨型化、微型化、网络化和智能化。

计算机的应用：科学计算、信息处理、过程控制、计算机辅助系统、人工智能、网络通信等。

二、计算机硬件系统组成

计算机系统是由硬件系统和软件系统组成的。

硬件是指构成计算机的物理设备。软件是指计算机系统中的程序及其文档。

计算机硬件包括运算器、控制器、存储器、输入设备和输出设备五部分。

（1）CPU（中央处理器）。主要包括运算器和控制器两大部件，它是计算机硬件的核心。CPU 的性能指标主要有字长和时钟主频。

（2）存储器。分为两大类：内存（主存）和外存（辅存）。

内存分随机存取存储器 RAM 和只读存储器 ROM 两种类型。RAM 其特点是可以读写，但是断电后，存储的内容立即消失。RAM 又可分为动态（DRAM）和静态（SRAM）两大类。ROM 的特点是只读不写。存储的内容是永久性的，即使关机或掉电也不会丢失。

外存主要包括硬盘存储器，光盘存储器以及移动存储器（U 盘、移动硬盘等）。

存储容量的常用单位主要有：

- 位（Bit）：是最小的单位；
- 字节（Byte）：是存储容量的基本单位，1 Byte＝8bit；
- 千字节（KB）：1KB＝1024Byte；
- 兆字节（MB）：1 MB＝1024KB；
- 吉字节（GB）：1GB＝1024MB；
- 太字节（TB）：1TB＝1024GB。

（3）输入设备。常用的输入设备有键盘、鼠标、扫描仪、触摸屏、手写板、数码相机、摄像头、话筒等。

（4）输出设备。常用的输出设备有显示器、打印机、音箱等。

显示器主要有 CRT（阴极射线管）显示器和 LCD（液晶）显示器。

显示器的主要参数有尺寸、分辨率、点距及刷新频率等。

打印机主要有针式打印机、喷墨打印机和激光打印机三类。

（5）计算机的硬件配置。CPU 反映了计算机的档次；内存是计算机运行程序的空间；硬盘是存储程序和数据的空间；显示器是计算机用于显示输出的设备；大部分主板还集成有声卡、网卡和显卡；电源是给计算机各部件提供能量的设备。

三、计算机的常用接口

电源接口；PS/2 接口；VGA 接口；USB 接口；并行口；串型口；MIDI/游戏接口；音频接口；1394 接口；视频接口；RJ45 网卡接口。

四、计算机软件系统的组成

软件系统可分为系统软件和应用软件两大类。

1．系统软件。指担负控制和协调计算机及其外部设备、支持应用软件的开发和运行的一类计算机软件。一般包括操作系统、语言处理程序、数据库系统和网络管理系统等，其中操作系统是系统软件的核心。

2．应用软件。应用软件是为解决各类实际问题而设计的程序系统。从其服务对象的角度，又可分为通用软件和专用软件两类。

五、计算机语言

1．指令与程序的概念。指令是计算机的 CPU 能够识别并可执行的机器命令，是由一组二进制数写成的代码，规定了计算机执行程序的一些具体操作。

程序是计算机为了解决某一问题而设计的指令序列。

2．计算机语言的分类。计算机语言可分为低级语言和高级语言，低级语言有机器语言和汇编语言。机器语言是用二进制代码表示的计算机能直接识别和执行的一种机器指令的集合。汇编语言中使用了助记符。

由汇编语言和高级语言编写的程序叫源程序，机器不能直接识别。它们必须通过编译或解释方式翻译成目标程序，也就是机器语言程序，才能被计算机识别和运行。

常用的高级语言有 Visual Basic、C、C++、Java 等。

六、计算机工作原理

计算机在执行程序时须先将要执行的相关程序和数据放入内存储器中，在执行程序时 CPU 根据当前程序指针寄存器的内容取出指令并执行指令，然后再取出下一条指令并执行，如此循环下去直到程序结束指令时才停止执行。其工作过程就是不断地取指令和执行指令的过程，最后将计算的结果放入指令指定的存储器地址中。

七、计算机病毒及防范

（1）计算机病毒的概念。计算机病毒（Computer Virus）是指编制或者在计算机程序中插入的破坏计算机功能或者破坏数据，影响计算机使用并且能够自我复制的一组计算机指令或者程序代码。

（2）计算机病毒的特征。寄生性、传染性、潜伏性、隐蔽性、破坏性、可触发性等。

（3）计算机病毒的防治。计算机病毒主要通过移动存储设备和计算机网络进行传播。应以"防"为主、以"治"为辅的方法。防治主要是预防和杀毒等方法。

八、使用键盘输入文字信息

常见的键盘可分为四个区：字符键区、功能键区、光标控制键区和数字键区。

（1）字符键区。主要包括上档键 Shift、大写字母转换键 Caps Lock、制表键 Tab、回车键 Enter、空格键、退格键 Backspace、控制键 Ctrl、转换键 Alt 等。

（2）功能键区。主要包括 F1~F12 键、暂停键 Pause、屏幕复制键 Print Screen、屏幕滚动锁定键 Scroll lock、Esc 键等。

（3）光标控制键区。主要包括光标移动键↑、↓、→、←键、插入键 Insert、删除键 Delete 等。

（4）数字键区。主要包括 0~9 数字、+、-、*、/键等

九、Windows 图形界面

（1）鼠标的基本操作：移动、单击、双击、拖动、右击。

（2）桌面。桌面上常见的图标有"我的文档"、"我的电脑"、"网上邻居"、"回收站"、"Internet Explorer"等。桌面的基本操作有创建桌面图标、设置个性化桌面等。

（3）任务栏。任务栏由"开始"按钮、快速启动栏、正在运行的应用程序按钮、系统托盘等组成。任务栏的操作有自定义任务栏、修改任务栏的属性、改变任务栏及各区域大小。

（4）窗口的基本操作有移动、缩放、最大化、最小化、关闭等。还包括多个窗口的排列、层叠窗口、横向平铺窗口、纵向平铺窗口、各个窗口之间的切换等。

（5）对话框。主要由标题栏、选项卡、文本框、列表框、命令按钮、单选按钮、复选框等组成。主要操作有移动、切换、关闭。

（6）菜单。主要由带有组合键的菜单命令、带有右向箭头、带省略号的菜单命令、带有选中标记的菜单命令、带有灰色显示的菜单命令等组成。

1.3 例题解析

【例1】一个完整的计算机系统包括_____。

【答案】硬件系统和软件系统。

【分析】一个完整的计算机系统是由硬件系统和软件系统组成的。计算机的硬件是一个物质基础，而计算机软件是使硬件功能得以充分发挥的不可缺少的一部分。因此，对于一个完整的计算机系统，这两者缺一不可。

【例2】在微型计算机中，bit 的中文含义是_____。

【答案】二进制位。

【分析】在微型计算机中，信息的最小单位为二进制位，用 bit 来表示；8 位二进制构成一个字节，用 Byte 来表示；一个或一个以上字节可组成一个二进制表示的字，字长可以是 8 位、16 位、32 位或 64 位；两个字长的字，称为双字。

【例3】在微型计算机中，微处理器的主要功能是进行（　　）。

    A．算术逻辑运算及全机的控制　　　　　　B．逻辑运算

    C．算术逻辑运算　　　　　　　　　　　　D．算术运算

【答案】A。

【分析】微处理器是计算机一切活动的核心，它的主要功能是实现算术逻辑运算及全机的控制。

【例4】微型计算机的发展是以（　　）的发展为表征的。

A．微处理器   B．软件   C．主机   D．控制器

【答案】A。

【分析】微处理器是计算机一切活动的核心，因此微型计算机的发展是以微处理器的发展为表征的。

【例5】在计算机中的存储容量为5MB，指的是（ ）。

A．5×1000×1000个字节   B．5×1000×1024个字节

C．5×1024×1000个字节   D．5×1024×1024个字节

【答案】D。

【分析】因为计算机内部的计数基本单位是2，2的10次幂是1024，所以1024个字节为1K字节，写作1KB。1024×1024个字节为1M字节，记做1MB。

【例6】在下列设备中，属于输出设备的是（ ）。

A．硬盘   B．键盘   C．鼠标   D．打印机

【答案】D。

【分析】硬盘是一种存储介质，连同驱动器和适配卡共同组成外存储器；键盘与鼠标均属于输入设备；打印机将计算机中的文件输出至纸上供用户阅读，是输出设备。

【例7】微型计算机硬件系统主要包括存储器、输入设备、输出设备和（ ）。

A．中央处理器   B．运算器   C．控制器   D．主机

【答案】A。

【分析】一个完整的计算机硬件系统包括运算器、控制器、存储器、输入设备和输出设备，运算器和控制器合称中央处理器或微处理器，中央处理器与内存储器合在一起称为主机。

【例8】把计算机中的信息传送到U盘上，称为（ ）。

A．拷贝   B．写盘   C．读盘   D．输出

【答案】B。

【分析】拷贝是指将信息按照原样复制；将信息传送到屏幕等输出设备上，称为输出；读盘是指将磁盘上的信息传送到另一个地方；写盘是指把信息传送到磁盘上。

【例9】下列叙述中，正确的是（ ）。

A．用高级程序语言编写的程序称为源程序

B．计算机能直接识别并执行用汇编语言编写的程序

C．机器语言编写的程序必须经过编译和连接后才能执行

D．机器语言编写的程序具有良好的可移植性

【答案】A。

【分析】用高级程序语言编写的程序称为源程序；计算机只能识别并执行用机器语言编写的程序；高级语言编写的程序必须经过编译和连接后才能执行；高级语言编写的程序具有良好的可移植性，机器语言或汇编语言编写的程序可移植性非常差。

【例10】计算机病毒具有隐蔽性、潜伏性、传播性、激发性和（ ）。

A．入侵性   B．可扩散性

C．恶作剧性   D．破坏性和危害性

【答案】D。

【分析】计算机病毒具有隐蔽性、潜伏性、传播性、激发性、破坏性和危害性。恶作剧性是一种破坏性较小的病毒类型；入侵性和可扩散性实际上属于传播性。破坏性和危害性才是病毒最主要的特性。

1.4 巩固练习

一、填空题

1. 以微处理器为核心的微型计算机属于第_____代计算机。

2. 软件一般分为系统软件和应用软件，Word 属于_____。

3. 计算机中能直接进行存储和处理的只能是_____数据。

4. 微型计算机的 CPU 可以直接访问的存储器是_____。

5. 微型计算机硬件系统的最小配置应包括主机、键盘、鼠标和_____。

6. 计算机将源程序翻译成目标程序有两种翻译方式：编译方式和_____方式。

7. 为了缓解内存与 CPU 速率不匹配问题，微型计算机一般会设置_____。

8. 用_____键，可以在各种中文输入法之间循环切换。

9. 用屏幕水平方向上显示的点数乘垂直方向上显示的点数来表示显示器清晰度的指标，通常称为_____。

10. _____负责完成指令的读出、解释和执行，是微型机的核心部件。

11. 在 Windows 中，可以利用_____键来复制屏幕信息。

12. 内存中每个用于数据存取的基本单位，都被赋予一个唯一的编号，称为_____。

13. 为解决某一问题而设计的指令序列称为_____。

14. 操作系统的主要功能是对计算机的所有资源进行统一_____和管理，为用户使用计算机提供方便。

15. 在 Windows 中，整个屏幕称作_____；在某一时刻可以同时打开多个窗口，但只能有一个窗口用于接收用户的输入，该窗口称作_____。

16. 在 Windows 的菜单中，若所选择的菜单项带有"…"，屏幕将显示_____。

17. Windows 提供的基本用户界面有：桌面、图标、_____、菜单和对话框。

18. 从一个携带病毒的 U 盘中复制文件后，发现主机也中毒了，这是因为计算机病毒具有_____性。

19. 数控机床是计算机在_____领域的典型应用 。

20. USB 接口是_____行接口，其优点是数据传输率高，支持_____、支持_____，无需专用电源。

二、选择题

1. 下列选项中，最能准确反映计算机主要功能的是（　　）。

    A．计算机可以存储大量信息   B．计算机能代替人的脑力劳动

    C．计算机是一种信息处理机   D．计算机可实现高速运算

2．计算机硬件能直接执行的是（　　　）。

    A．符号语言   B．机器语言

    C．汇编语言   D．机器语言和汇编语言

3．下列既是输入设备又是输出设备的有（　　　）。

    A．鼠标   B．键盘   C．绘图仪   D．触摸屏

4．对计算机软、硬件资源进行管理是（　　　）的功能。

    A．操作系统   B．数据库管理系统

    C．语言处理程序   D．用户程序

5．在计算机硬件中，CPU 的主要功能是控制和（　　　）。

    A．存储   B．运算   C．输入   D．输出

6．存储器是计算机系统中的记忆设备，它主要用来（　　　）。

    A．存放数据   B．存放程序   C．存放数据和程序   D．存放微程序

7．640KB 等于（　　　）字节。

    A．655360   B．640000   C．600000   D．64000

8．在主存和 CPU 之间增加 Cache 存储器的目的是（　　　）。

    A．增加内存容量

    B．提高内存可靠性

    C．解决 CPU 和主存之间的速率匹配问题

    D．增加内存容量，同时加快存取速率

9．使用计算机时，正确的开机顺序是（　　　）。

    A．先开主机，再开显示器、打印机

    B．先开显示器、打印机，再开主机

    C．先开显示器，再开主机，然后再开打印机

    D．先开打印机，再开主机，然后开显示器

10．下面有关计算机病毒防治的说法，不正确的是（　　　）。

    A．计算机病毒防治有软件和硬件两种方法

    B．防治病毒软件有消除病毒和检测病毒等功能

    C．防治病毒软件不能清除所有计算机病毒

    D．没有联网的计算机不会感染计算机病毒

11．CPU 能直接访问的存储器是（　　　）。

    A．外存   B．硬盘   C．光盘   D．内存

12．计算机感染病毒后会产生各种现象，以下不属于病毒现象的是（　　　）。

    A．磁盘空间突然变小   B．速度突然变慢，频繁死机

    C．系统"丢失"打印机   D．开机后，硬盘灯时亮时灭

13．采用虚拟存储器的主要目的是（　　　）。

    A．扩大主存储器的存储容量   B．扩大外存储器的存储容量

    C．提高外存储器的存取速率   D．提高主存储器的存取速率

14．固定在计算机主机箱箱体上的，起到连接计算机各种部件的纽带和桥梁作用的是（　　　）。

A. CPU   B. 主板   C. 外存   D. 内存

15. 在微型机系统中，外围设备通过（   ）与主板的系统总线相连接。

     A. 适配器   B. 设备控制器   C. 计数器   D. 寄存器

16. 计算机能直接执行的程序称为（   ）。

     A. 目标程序   B. 源程序   C. 汇编程序   D. 数据库程序

17. 计算机经历了从器件角度划分的四代发展历程，但从系统结构上来看，至今绝大多数计算机仍属于（   ）型计算机。

     A. 实时处理   B. 智能化   C. 并行   D. 冯·诺依曼

18. 计算机的外围设备是指（   ）。

     A. 除了 CPU 和内存以外的其他设备   B. 外存储器

     C. 远程通信设备   D. 输入/输出设备

19. 关于主存，以下叙述正确的是（   ）。

     A. 主存的存取速率一定与 CPU 匹配

     B. 主存是 RAM，不包括 ROM

     C. 辅存中的程序需要调入主存才能运行

     D. CPU 可直接访问主存，也能直接访问辅存

20. 计算机性能主要取决于（   ）。

     A. 字长、运算速率、内存容量

     B. 磁盘容量、显示器的分辨率、打印机的配置

     C. 所配置的语言、所配置的操作系统、所配置的外部设备

     D. 机器的价格、所配置的操作系统、所使用的磁盘类型

21. 显示器的规格中，数据 640×480，1024×768 等表示（   ）。

     A. 显示器屏幕的大小

     B. 显示器显示字符的最大列数和行数

     C. 显示器的显示分辨率

     D. 显示器的颜色指标

22. 在 Windows 环境中，用鼠标双击窗口的标题栏，可以（   ）。

     A. 最大化该窗口   B. 关闭该窗口

     C. 移动该窗口   D. 最小化该窗口

23. 微型计算机性能指标中所说的内存容量，一般是指（   ）的容量。

     A. 随机存储器 RAM   B. 只读存储器 ROM

     C. 可编程只读存储器 PROM   D. 可擦写只读存储器 EPROM

24. 微型计算机硬件系统的性能主要取决于（   ）。

     A. 微处理器   B. 内存储器   C. 显示适配卡   D. 硬磁盘存储器

25. 下列存储器中，在计算机中访问速率最快的是（   ）。

     A. 硬盘   B. 软盘   C. RAM   D. 光盘

26. 下列关于操作系统的叙述中，正确的是（   ）。

     A. 操作系统是软件和硬件之间的接口和目标程序之间的接口

     B. 操作系统是用户和计算机之间的接口

C．操作系统是源程序

D．操作系统是外设和主机之间的接口

27．CPU 主频主要影响微型计算机的（　　）。

　　A．存储容器　　　B．运算速度　　　　C．计算精度　　　　D．总线宽度

28．下列不是 CPU 功能的是（　　）。

　　A．操作控制　　　B．程序控制　　　　C．数据加工　　　　D．存取控制

29．计算机的内存储器通常比外存储器（　　）。

　　A．容量大、速率快　　　　　　　　B．容量小、速率慢

　　C．容量大、速率慢　　　　　　　　D．容量小、速率快

30．下面关于基本输入/输出系统 BIOS 的描述，不正确的是（　　）。

　　A．是一组固化在计算机主板上一个 ROM 芯片内的程序

　　B．它保存着计算机系统中最重要的基本输入/输出程序、系统设置信息

　　C．即插即用与 BIOS 芯片有关

　　D．对于定型的主板，生产厂家不会改变 BIOS 程序

31．下列语言编写的程序执行速率最快的是（　　）。

　　A．机器　　　　　　　　　　　　　B．汇编

　　C．高级　　　　　　　　　　　　　D．面向对象程序设计

32．通常所说的 32 位机，指的是这种计算机的 CPU（　　）。

　　A．是由 32 个运算器组成的　　　　B．能够同时处理 32 位二进制数据

　　C．包含有 32 个寄存器　　　　　　D．一共有 32 个运算器和控制器

33．工业上的自动机床属于（　　）。

　　A．科学计算方面的计算机应用　　　B．数据处理方面的计算机应用

　　C．过程控制方面的计算机应用　　　D．人工智能方面的计算机应用

34．下列四条叙述中，正确的是（　　）。

　　A．操作系统是一种重要的应用软件

　　B．外存中的信息可直接被 CPU 处理

　　C．用机器语言编写的程序可以由计算机直接处理

　　D．电源关闭后，ROM 中的信息立即丢失

35．用鼠标拖放功能实现图标的快速移动，正确的操作是（　　）。

　　A．用鼠标左键拖动图标到目的文件夹上

　　B．用鼠标右键拖动图标到目的文件夹上，然后在弹出的菜单中选择"移动到当前位置"

　　C．按住 Ctrl 键，然后用鼠标左键拖动图标到目的文件夹上

　　D．按住 Shift 键，然后用鼠标右键拖动图标到目的文件夹上

三、判断题

1．RAM 中的信息既能读又能写，断电后其中的信息不会丢失。　　　（　　）

2．CAM 是利用计算机系统使用课件来进行教学。　　　（　　）

3．裸机是指不带外部设备的主机。　　　（　　）

4．若一台微机感染了病毒，只要删除所有带毒文件，就能消除所有病毒。　（　　）

5．字长是衡量计算机精度和运算速度的主要技术指标之一。　（　　）

6．远程医疗、远程教育、虚拟现实技术、电子商务、计算机协同工作等是信息应用的新趋势。　（　　）

7．操作系统把刚输入的数据或程序存入 RAM 中，为了防止信息丢失，用户在关机前，应将信息保存到 ROM 中。　（　　）

8．在 Windows XP 中，使用组合键 Alt+Esc 可以切换应用程序窗口。　（　　）

9．操作系统是合理组织计算机工作流程、有效的管理系统资源、方便用户使用的程序集合。　（　　）

10．记事本是 Windows 自带的一个文字编辑程序，有强大的格式编辑能力。　（　　）

11．用计算机机器语言编写的程序可以由计算机直接执行，用高级语言编写的程序必须经过编译或解释才能执行。　（　　）

12．计算机职业道德包括不应该复制或利用没有购买原软件，不应该在未经他人许可的情况下使用他们的计算机资源。　（　　）

13．在 Windows 中，利用任务栏可以在多个应用程序窗口间切换。　（　　）

14．Windows XP 中，对话框的位置和大小都不能改变。　（　　）

15．用户完成对窗口的操作后，可以使用 Ctrl+F4 组合键关闭窗口。　（　　）

四、简答题

1．自己组装一台计算机，需要选购哪些主要配件？

2．简述计算机系统的组成。

3．注销计算机用户和重新启动计算机有什么不同？

4．Windows XP 窗口主要由哪些部分组成？当打开多个窗口时，如何在各个窗口之间进行切换？

5．在一些菜单命令中，有些命令是深色，有些命令是暗灰色，有些命令后面还跟有字母或组合键，它们分别表示什么含义？

6．当用户在使用计算机的过程中遇到了疑难问题无法解决时，怎样通过帮助系统寻找解决问题的方法。

7．简述计算机病毒的概念、主要特性及计算机感染病毒常见的现象。

8．如何防治计算机病毒？

1.5　上机练习

操作 1　了解计算机

【操作目的】

1．了解计算机系统的配置及主要技术指标；

2．了解计算机软硬件系统的组成和功能；

3．学会连接各种设备。

【操作步骤】

1．认识主机与外部设备（鼠标、键盘、音箱、打印机等）；

2．认识主机外部的常用接口（电源接口、PS/2 接口、VGA 接口、USB 接口、并行口、串型口、MIDI/游戏接口、RJ45 网卡接口、音频接口）；

3．打开计算机主机箱，观察内部各部件组成及相关配置；

（1）观察 CPU 的形状、品牌和接口类型，了解其字长和主频；

（2）观察内存，了解其工作频率容量；

（3）观察硬盘的接口方式，了解其容量和转速等技术指标；

（4）观察主板的各种接口、总线和控制管理芯片等（大部分主板还集成有声卡、网卡和显卡），观察其型号，了解其功能。

4．动手连接各部分

（1）连接显示器：将显示器信号线插入显卡外部接口中，拧紧信号线上的螺帽将它固定，将显示器电源线插入显示器；

（2）连接键盘与鼠标：将键盘的插头（紫色的）插入 PS/2 接口中，鼠标接口如果是圆形的，则插入绿色的 PS/2 接口中，如果是方形则插入任意一个 USB 接口中；

（3）接上网线：把网线的水晶头插入主机箱上的 RJ-45 接口，注意水晶头插入后，会发出"哒"的声音才能确保连接稳定；

（4）连接耳机或音箱：将麦克和音箱的插头分别插入声卡相应的接口中，注意接口与插头的颜色和标志；

（5）连接机箱电源：认清电源接口的方向，将电源线插入电源的插座中。

5．开机启动

（1）打开显示器电源。

（2）打开音箱电源；

（3）按下主机电源按钮；

（4）电脑运行自检程序，对系统硬件进行检测并完成初始化，然后启动 Windows XP 操作系统；

（5）进入操作系统时，如果设定了用户密码，则需在输入密码后才能进入 Windows 桌面。

6．关机

单击"开始"菜单，选择"关闭计算机"，在弹出的"关闭计算机"对话框中单击"关闭"按钮。

操作 2 探索图形界面

【操作目的】

1．能启动和退出 Windows XP；

2．认识 Windows XP 桌面的组成；

3．掌握窗口、对话框、菜单的基本操作；

4．会使用帮助菜单。

【操作步骤】

1．启动计算机

（1）检查计算机的电源线、显示器与主机的数据线连接是否正确；

（2）检查无误后打开计算机电源开关；

（3）观察桌面的基本构成。

2．使用"开始"菜单

（1）单击"开始"按钮，观察"开始"菜单的组成；

（2）"开始"菜单中固定项目列表包含的项目；

（3）"开始"菜单中包含哪些常用的文件夹；

（4）鼠标指针指向"所有程序"，观察"开始"菜单的变化。

3．窗口操作

（1）双击桌面"我的电脑"图标，打开其窗口；

（2）观察该窗口中包含有哪些图标；

（3）分别将窗口最大化、最小化、还原窗口大小；

（4）拖动窗口的边和角，任意调整窗口的大小；

（5）拖动窗口的标题栏，移动窗口到另一个位置；

（6）调整窗口的大小，窗口中出现滚动条；

（7）利用滚动条观察屏幕窗口内容的变化；

（8）同时打开"我的电脑"、"我的文档"和"回收站"三个窗口；

（9）鼠标右击桌面任务栏空白处，在出现的菜单中分别选择"层叠窗口"、"横向平铺窗口"和"纵向平铺窗口"三种显示方式，观察屏幕的变化和系统对窗口的调整；

4．菜单与对话框操作

（1）打开"我的电脑"窗口；

（2）鼠标指针指向窗口的"查看"菜单，观察该菜单的构成；

（3）"查看"菜单中哪些菜单项含有子菜单、哪个菜单项能打开对话框；

（4）选中"查看"菜单中的"状态栏"，观察窗口及该菜单项的变化；

（5）分别选中"查看"菜单中的"缩略图"、"平铺"、"图标"、"列表"和"详细信息"选项，观察窗口图标排列的变化；

（6）执行"查看"菜单中的"选择详细信息"命令，观察打开的对话框；

（7）该对话框中包含哪些命令按钮、复选框、文本框；

（8）能否改变该对话框的大小？试移动该对话框；

（9）右击桌面的空白处，观察出现的快捷菜单。

5．帮助菜单的使用

（1）执行"开始"菜单中的"帮助和支持"命令，打开系统"帮助和支持中心"窗口；

（2）获得帮助信息。在"搜索"右侧的文本框中输入要查询的内容，如输入"桌面"，按回车键后，从搜索结果中选择一个主题，了解该主题的内容。

6．退出 Windows XP

（1）执行"开始"菜单中的"关闭计算机"命令，了解"关闭计算机"对话框中三个选项的含义；

（2）执行"开始"菜单中的"注销"命令，了解"关闭 Windows"对话框中两个选项的含义；

（3）退出 Windows XP，关闭计算机。

操作 3　输入文字信息

【操作目的】

1．能够至少使用一种中文输入方法输入文字；
2．能够设置输入法的属性。

【操作步骤】

1．打开记事本

（1）通过"附件"，打开记事本；

（2）查看记事本各菜单的组成。

2．练习中英文输入方法的自由切换

【Ctrl+空格】组合键：实现中英文输入法的自由切换；

【Ctrl+Shift】组合键：切换到其他的中文输入法；

【Shift+空格】组合键：实现半角和全角的切换。

3．输入文字

（1）使用一种中文输入法在记事本中输入下列文字：

太阳系（Solar System）是由太阳、9 颗大行星、66 颗卫星以及无数的小行星、彗星及陨星组成的。

行星由太阳起往外的顺序是：水星、金星、地球、火星、木星、土星、天王星、海王星和冥王星。离太阳较近的水星、金星、地球及火星称为"类地行星"（Terrestrial Planets）。宇宙飞船对它们都进行了探测，还曾在火星与金星上着陆，获得了重要成果。它们的共同特征是密度大（>3.0 克/立方厘米），体积小，自转慢，卫星少，内部成分主要为硅酸盐（Silicate），具有固体外壳。

（2）以文件名"太阳系"保存该文件。

4．添加中文输入法

（1）打开"控制面板"→"区域和语言选项"→"区域和语言"→"语言"选项卡；

（2）单击"详细信息"按钮，出现"文字服务和输入语言"对话框；

（3）单击"添加"按钮，出现"添加输入语言"对话框，选择输入语言的种类为"中文（中国）"，并选中"键盘布局/输入法"复选框；

（4）从"键盘布局/输入法"下拉列表中选择一种所需的选项，单击"确定"按钮。

第 **2** 章

Windows XP 操作

2.1 学习目标

1. 了解操作系统的基本概念，理解操作系统在计算机系统运行中的作用；
2. 了解操作系统图形界面的基本组成元素，熟练使用鼠标进行操作；
3. 熟练进行文件和文件夹的基本操作，会使用资源管理器对文件等资源进行管理；
4. 会设置个性化桌面；
5. 了解控制面板的功能，会使用控制面板配置系统；
6. 会安装和卸载常用应用程序；
7. 会使用操作系统中自带的常用程序；
8. 会安装和使用病毒防治软件；
9. 会安装和使用压缩工具软件；
10. 熟练使用一种中文输入法。

2.2 知识要点

一、Windows XP 操作系统简介

操作系统（Operating System，OS）是控制其他程序运行，管理系统资源并为用户提供操作界面的系统软件的集合。操作系统使计算机系统所有资源最大限度地发挥作用，为用户提供方便的、有效的、友善的服务界面。

操作系统管理功能主要包括处理器管理、存储管理、设备管理、文件管理和作业管理 5 个方面。目前微机上常见的操作系统有 OS/2、UNIX、Linux、Windows、Netware 等。

Windows XP 是基于 Windows 2000 代码的产品，是微软公司发布的一款视窗操作系统。

二、Windows XP 启动与退出

1. 启动 Windows XP

启动计算机之前，首先要确保计算机的电源线和数据线已经连通，计算机已经安装了 Windows XP 操作系统。打开显示器电源开关，电源指示灯变亮后，再打开主机电源开关就开始启动计算机了。

（1）启动计算机时首先显示一组检测信息，包括内存、显卡的检测等。如果只安装了 Windows XP 操作系统，计算机直接启动 Windows XP。如果安装了多个操作系统，会出现操作系统选择菜单，选择 Windows XP Professional 即可启动 Windows XP 操作系统。

（2）如果计算机中已设置多个用户账户，出现选择用户账户界面，选择自己的账户并输入密码后就可以启动计算机。如果选中的用户没有设置密码，系统将直接启动。

（3）在出现欢迎界面后就进入 Windows XP 的主界面，又称为桌面。

在 Windows 启动时，先按住 Shift 键，再启动计算机，这时系统将跳过启动组及注册表中设置的自动运行程序项，快速启动计算机。

2. 退出 Windows XP

在关闭计算机电源之前，要退出 Windows XP 操作系统，否则可能会破坏一些尚未保存的文件或正在运行的程序。退出 Windows XP 的操作步骤如下：

（1）单击"开始"按钮，在出现的"开始"菜单中单击"关闭计算机"按钮。

（2）在出现的"关闭计算机"对话框中选择一种关闭方式。Windows XP 为用户提供了如下三种关机方式。

● 待机：是将当前处于运行状态的数据保存在内存中，机器只对内存供电，而硬盘、屏幕和 CPU 等部件则停止供电。由于数据存储在速度快的内存中，因此进入等待状态和唤醒的速度比较快。

● 关闭：保存用户更改的 Windows 设置，并将当前在内存中的信息保存在硬盘中，然后关闭计算机。

● 重新启动：保存用户更改的 Windows 设置，并将当前内存中的信息保存在硬盘中，关闭计算机后重新启动。

现在很多计算机还提供了"休眠"功能，例如，笔记本电脑。当计算机处于休眠状态时，将当前运行的文件保存到硬盘上，当退出休眠状态时，打开的文档和运行的程序恢复到原来的状态，便于用户快速工作。对于使用笔记本电脑的用户，设置使用休眠功能，可以减少电源消耗，延长电池使用时间。

如果不想关闭计算机，直接单击"取消"按钮即可。

如果用户只想注销当前用户，不想关闭计算机，可以单击"开始"菜单中的"注销"按钮，打开"注销 Windows"对话框。该对话框中有"切换用户"和"注销"两个选项，其含义如下。

● 切换用户：计算机自动保存打开的文件和当前正在运行的程序，切换到其他用户使

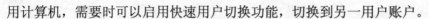

用计算机，需要时可以启用快速用户切换功能，切换到另一用户账户。

● 注销：注销当前用户并退出操作系统，重新返回用户登录前的状态。

在操作过程中，有时计算机对键盘和鼠标操作都不会出现任何反应，这种现象称为"死机"。这时需要强行关闭计算机，方法是按住主机电源开关 5 秒钟左右，主机电源关闭。

三、Windows XP 操作基础

1. 桌面与图标

启动 Windows XP，屏幕上较大的区域称为桌面，桌面上的小型图片称为图标。将鼠标放在图标上，将出现文字，标识其名称和内容。双击图标可以打开文件或程序。

Windows XP 常见桌面图标有我的文档、我的电脑、网上邻居、回收站、Internet Explorer 等。

● 我的文档：它是一个文件夹，是系统默认的用来存放用户文档、图片或其他文件的一部分磁盘区域。例如，在使用 Word 应用软件编辑保存用户文件时，系统默认的保存位置是"我的文档"。该文件夹中还包含有"图片收藏"、"我的音乐"、"我的数据源"等系统设置的文件夹。用户可以设置它的共享属性、更改它对应目标文件夹的位置，默认路径是 C:\Documents and Settings\ My Documents。

● 我的电脑：主要用于管理计算机的硬件设备，可以对计算机系统中的内容进行访问和设置。在"我的电脑"窗口不仅可以查看系统信息、添加/删除程序、更改一个设置，还提供了直接打开网上邻居、我的文档、控制面板窗口的按钮等。

● 网上邻居：网上邻居显示指向共享计算机、打印机和网络上其他资源的快捷方式。网上邻居文件夹还包含指向计算机上的任务和位置的超级链接。这些链接可以帮助用户查看网络连接，将快捷方式添加到网络位置，以及查看网络域或工作组中的计算机。

● 回收站：用来暂时保存硬盘上被删除的文件或文件夹。回收站主要有还原和清空两种操作。还原操作是将回收站中被删除的项目恢复到原位置，清空回收站操作是将被删除的文件从磁盘上永久删除，不能恢复。从硬盘删除任何项目时，Windows 将该项目放在回收站中而且回收站的图标从空更改为满。Windows 系统为每个分区或硬盘分配一个回收站。如果硬盘已经分区，或者如果计算机中有多个硬盘，则可以为每个回收站指定不同的大小空间。

● Internet Explorer：计算机连网后，利用它可以搜索或浏览 Web 站点上的信息。

快捷方式图标由图像左下角的小箭头标识。通过这些图标可以访问程序、文件、文件夹、磁盘驱动器、网页、打印机、其他计算机等。快捷方式图标仅仅提供所代表的程序或文件的链接。可以添加或删除该图标而不会影响实际的程序或文件。

2. "开始"菜单

"开始"菜单中包括用户标识、固定项目列表、常用程序列表、"所有程序"菜单、常用的文件夹与系统命令以及注销和关闭计算机等。使用"开始"菜单，可以启动程序、打开文件、使用"控制面板"自定义系统、获得帮助和支持、搜索计算机或 Internet 上的项目等。

3. 窗口

Windows XP 中的窗口一般由标题栏、菜单栏、工具栏、工作区和状态栏等组成。可以

一次打开很多的窗口，每个窗口的名称显示在顶端的标题栏中，通过拖动方式可以移动窗口，可以最小化、最大化窗口。通过窗口中的菜单，可以浏览菜单，查看可使用的不同命令和工具。Windows XP 中常见窗口区域及对象的含义见表 2-1。

表 2-1　Windows XP 中常见窗口区域及对象含义

区域及对象	含　　义
控制图标	由一组控制菜单命令组成，通过这些控制菜单命令可以移动窗口、改变窗口大小、最小化/最大化/还原及关闭窗口
标题栏	显示当前窗口所打开的应用程序名、文件夹名及其他对象名称等
菜单栏	由多个下拉菜单组成，每个下拉菜单中又包含了若干个命令或子菜单选项
工具栏	用户常用的命令按钮，每个命令按钮可以完成一个特定的操作
工作区	系统与用户交互之界面，多用于显示操作结果
滚动条	窗口的底部、状态栏之上可能有一个水平滚动条，在工作区的右边有一个垂直滚动条。滚动条是由系统窗口的大小决定的，当窗口的大小不能容纳其中的内容时，窗口中出现滚动条。通过滚动条，可以浏览窗口中的所有内容
状态栏	显示当前操作的状态，通过它可以了解当前窗口的有关信息
最小化按钮	单击该按钮，窗口将被最小化为任务栏中的一个图标
最大化/还原按钮	单击该按钮，窗口将以全屏的方式显示。如果窗口被最大化后，单击还原按钮，可以将窗口恢复到原来大小
关闭按钮	单击该按钮，关闭窗口

4．对话框

如果程序在完成命令前需要某些信息时，将出现对话框。对话框是一种特殊的 Windows 窗口，可以从对话框中获取信息或系统通过对话框获取用户的信息。对话框主要由标题栏、单选按钮、复选框、列表框、文本框、命令按钮等多种元素组成，如图 2-1 所示。

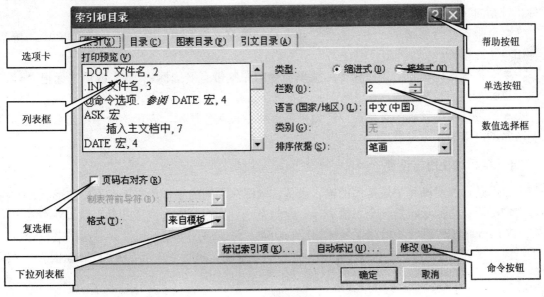

图 2-1　对话框

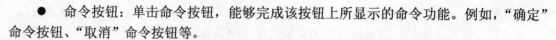

● 命令按钮：单击命令按钮，能够完成该按钮上所显示的命令功能。例如，"确定"命令按钮、"取消"命令按钮等。

● 文本框：可以直接输入数据信息。例如，输入新建文件名称等。

● 列表框：列表框列出所有的选项，供用户选择其中的一组。

● 下拉列表框：下拉列表框是一个右侧带有下箭头的单行文本框。单击该箭头，出现一个下拉列表，用户可以从中选择一个选项。

● 单选按钮：单选按钮一个左侧带有一个圆形的选项按钮，有两个以上的选项排列在一起，它们之间相互排斥，只能选定其中的一个。

● 复选框：复选框是一个左侧带有小方框的选项按钮，用户可以选择其中的一个或多个选项。

● 选项卡：一个选项卡代表一个不同的页面。

● 数值选择框：由一个文本框和一对方向相反的箭头组成，单击向上或向下的箭头可以增加或减少文本框中的数值，也可以直接从键盘上输入数值。

● 帮助按钮：单击"帮助"按钮，这时鼠标指针带有"？"号，将指针指向对话框中的一个元素对象上单击，系统给出该对象所完成的功能提示信息。

对话框可以移动，但不能改变其大小。

5. 菜单

菜单是 Windows 系统中用户与应用程序之间进行交互的主要形式，从菜单中可以选择所需的命令来完成相应的功能操作。Windows 菜单主要有下拉菜单和快捷菜单两种类型。常见的菜单形式如下：

● 带有组合键的菜单命令：菜单栏上带有下划线字母，又称为热键，表示在键盘上按 Alt 键和该字母键可以打开该菜单。

● 带有右向箭头：命令的右边有一个指向右侧的箭头，表示该菜单包含子菜单，将鼠标指针指向它将显示子菜单命令。

● 带省略号的菜单命令：有些菜单命令后带有省略号"…"，单击该菜单命令，屏幕弹出一个对话框。

● 带有选中标记的菜单命令：菜单命令的左侧带有复选标记"√"或单选标记"●"，表示该菜单当前是激活的。

● 带有灰色显示的菜单命令：如果菜单命令呈灰色显示，表示该命令在当前选项的情况下是不可用的。

6. 鼠标的使用与设置

鼠标是计算机操作中最常用的输入设备，鼠标在不同的工作状态下有不同的形状，如在正常情况下，它的形状是一个小箭头 ，运行某一程序时，它会变成沙漏形状 。

Windows XP 进一步增强了鼠标的控制功能，可以通过"鼠标属性"对话框来设置左右手习惯、双击速度、鼠标指针形状、移动速度等。方法是执行"开始"→"控制面板"→"鼠标"菜单命令。

7．美化桌面

在桌面的空白处右击鼠标，单击快捷菜单中的"属性"命令，打开"显示属性"对话框。在该对话框中，可以对桌面的主题、背景、屏幕保护程序、外观、屏幕的分辨率及颜色进行设置。

（1）设置桌面主题。在"主题"选项卡中，在"主题"下拉列表中选择一个主题，如 Windows 经典、Windows XP 等。

（2）设置桌面背景。在"桌面"选项卡中单击"背景"列表中的某一图片，在"位置"列表中选择"居中"、"平铺"或"拉伸"。

背景文件的扩展名可以是：.bmp、.gif、.jpg、.diB．.png、.htm 等。

（3）设置屏幕保护程序。如果长时间不用计算机，可以让计算机保持较暗或活动的画面，以避免一个高亮度的图像长时间停留在屏幕的某一位置而对显示器的损害，这时可以启用屏幕保护程序。

在"屏幕保护程序"选项卡中，从"屏幕保护程序"下拉列表中选择一个屏幕保护程序，在屏幕的预览窗口中可以观察其效果。单击"预览"按钮可以观察全屏效果。

（4）设置 Windows 外观效果。Windows 外观是指 Windows 的操作界面，包括窗口、对话框、标题按钮、图标、滚动条、消息框、字体大小及颜色等。用户如果不习惯使用 Windows XP 默认的外观设置，可以自己选择不同的样式和色彩方案。

在"外观"选项卡中，可以选择窗口和按钮的样式、色彩方案、字体大小、外观效果等。

（5）调整屏幕分辨率和颜色。屏幕分辨率是指水平和垂直方向最多能显示的像素点。分辨率越高，屏幕的像素点越多，可显示的内容就越多，显示的对象就越小。常见的屏幕分辨率有 640×480、800×600、1024×768、1280×1024。在默认情况下，系统设置的颜色质量是 32 位，有时为了达到更好的效果，需要自己调整颜色质量。

在"设置"选项卡，可以分别设置屏幕分辨率、颜色质量等。

8．自定义"开始"菜单

Windows XP 默认的"[开始]菜单"与"经典[开始]菜单"显示的方式不一样，但它们的功能是一样的。在"任务栏和[开始]菜单"对话框的"[开始]菜单"选项卡，单击"[开始]菜单"右侧的"自定义"按钮，打开"自定义[开始]菜单"对话框。在"常规"选项卡中可以设置程序图标大小、"开始"菜单上显示程序列表的数目（0～30）、固定项目列表是否显示 Internet 和收发电子邮件程序 Microsoft Outlook 等。

在"高级"选项卡上可以对"开始"菜单、菜单上的项目、最近使用的文档等进行设置。

9．自定义任务栏

（1）任务栏的组成。任务栏由"开始"按钮、快速启动栏、打开的程序按钮、通知区域组成。任务栏除了出现在桌面底部外，可以将其移至桌面的两侧或顶部，甚至隐藏任务栏，还可以调节其高度和位置。

（2）定制任务栏。右击"开始"按钮，执行"属性"命令，打开"任务栏和[开始]菜单"对话框，选择"任务栏"选项卡，然后可以自定义任务栏。包括锁定任务栏、自动隐藏任务栏、将任务栏保持在其他窗口的前面、分组相似任务栏按钮、显示快速启动、显示时钟、隐

藏不活动的图标等。

四、文件管理

1. 资源管理器的组成

资源管理器窗口自上而下依次是标题栏、菜单栏、工具栏、地址栏、列表窗口和状态栏等。

在通常情况下，资源管理器窗口分为左右两个部分，以树状结构显示计算机上的所有资源。左侧是文件夹列表窗口，一般是按层次显示所有的文件夹，它包括本地的磁盘驱动器和网上邻居的可用资源。右侧是列表窗口，单击左侧窗口中的任何一个文件夹，右侧窗口中就会显示该文件夹所包含的所有项目。这样就可以通过浏览窗口找到所需打开的文件夹。

2. 文件夹的展开和折叠

在资源管理器窗口左侧文件夹列表中，大部分图标前面都有一个"+"或"-"符号。单击"+"号，可以展开该文件夹，显示其所包含的子文件夹，展开后的文件夹左边的"+"号变为"-"。

3. 设置文件与文件夹的显示方式

在资源管理器中，通过"查看"菜单中"缩略图"、"平铺"、"图标"、"列表"和"详细信息"选项，可以设置一种文件或文件夹的显示方式。如果文件夹中含有图片格式的文件（如.bmp、.jpg 等），"查看"菜单中还包含"幻灯片"选项。

● 缩略图：该视图将文件夹所包含的图像显示在文件夹图标上，因而可以快速识别该文件夹的内容。

● 平铺：该视图以图标显示文件和文件夹。这种图标比"图标"视图中的图标要大，并且将所选的分类信息显示在文件或文件夹名下方。

● 幻灯片：该视图可在图片文件夹中使用。图片以单行缩略图形式显示。可以通过使用左右箭头按钮滚动图片。单击一幅图片时，该图片显示的图像要比其他图片大。

● 图标：该视图以图标显示文件和文件夹。文件名显示在图标下方，但是不显示分类信息。在这种视图中，可以分组显示文件和文件夹。

● 列表：该视图以文件或文件夹名列表显示文件夹内容，其内容前面为小图标。当文件夹中包含很多文件，并且想在列表中快速查找一个文件名时，这种视图非常有用。

● 详细信息：在该视图中，Windows 列出已打开文件夹的内容并提供有关文件的详细信息，包括文件名、类型、大小和修改日期。

4. 打开文件或文件夹

在对文件或文件夹进行操作之前，首先应选中文件或文件夹。选中一个或多个文件、文件夹的操作方法如下：

● 如果选择一个文件或文件夹，只需单击要选中的文件或文件夹。

● 如果要选择多个连续的文件或文件夹，先单击第一个文件或文件夹，再按住 Shift 键，然后单击最后一个要选择的文件或文件夹，这两个文件或文件夹之间的所有项目都被选中。

● 如果要选择多个不连续的文件或文件夹，按住 Ctrl 键，然后逐个单击要选择的文件或文件夹，直到所有的文件或文件夹被选中为止。

当选中要打开的文件或文件夹后，执行"文件"菜单中的"打开"命令，或双击文件或文件夹，打开文件或文件夹。如果打开的文件是 Windows XP 中已注册类型的数据文件，系统将自动启动相应的应用程序来打开。如果打开文件夹，则显示文件夹中的内容。

5．新建文件和文件夹

（1）打开要新建文件的文件夹窗口，执行"文件"→"新建"命令，选择要建立文件的类型，或在文件夹窗口的空白处右击，从弹出的快捷菜单中选择要建立的文件类型或文件夹。

（2）在窗口中出现一个新建文件名，用户可以重新命名文件名，按回车键确定。

6．重命名文件或文件夹

重命名文件或文件夹可按下列方法操作：

（1）在资源管理器窗口中选定要重命名的文件或文件夹。

（2）执行"文件"菜单中的"重命名"命令，或再一次单击该文件或文件夹名，在文件或文件夹名上出现闪烁光标。

（3）在闪烁光标处直接输入文件或文件夹名，然后按 Enter 键确认。

需要注意的是，Windows 文件名的长度虽然多达 255 个字符，但有些程序不能解释长文件名，不支持长文件名的程序仅限使用最多 8 个字符，并且文件名不能含有 \/:*?"<>| 字符。

7．复制文件和文件夹

使用快捷菜单复制文件或文件夹的操作步骤如下：

（1）打开资源管理器，选中要复制的文件或文件夹。

（2）右击要复制的文件或文件夹，从出现的快捷菜单中执行"复制"命令。

（3）打开要复制的文件或文件夹的目标位置，在空白处右击，从出现的快捷菜单中执行"粘贴"命令。

8．移动文件或文件夹

使用菜单方式移动文件或文件夹的操作步骤如下：

（1）打开资源管理器，选中要移动的文件或文件夹。

（2）执行"编辑"菜单中的"移动到文件夹"命令。

（3）打开 "移动项目"对话框，选择要复制或移动的目标文件夹，单击"移动"按钮。

9．删除文件或文件夹

删除文件或文件夹的方法很多，最直接的方法是：

（1）选中定要删除的文件或文件夹。

（2）按 Delete 键，或直接将选中的文件或文件夹拖放到"回收站"中。

（3）打开回收站，选择要删除的文件或文件夹，执行"文件"菜单中的"清空回收站"命令。

10. 发送文件或文件夹

使用发送命令可以将文件或文件夹快速地复制到"我的文档"、"桌面快捷方式"、"邮件接收者"、"软盘"或生成一个"zip 压缩文件夹"。使用菜单方式发送文件或文件夹的操作步骤如下：

（1）打开资源管理器，选中要发送的文件或文件夹。

（2）执行"文件"菜单中的"发送到"命令，从子菜单中选择其中的一项操作。

发送操作实际上也是一种复制操作，发送结束后源文件或文件夹保留不变。

11. 恢复文件或文件夹

在系统默认的状态下，删除的文件或文件夹被放到了回收站，并没有被真正删除，只有在清空回收站时，才能彻底删除，释放磁盘空间。

12. 创建文件和文件夹的快捷方式

在 Windows 中操作时，用户可以为磁盘驱动器、文件、文件夹或打印机创建快捷方式。快捷方式是一个指向指定资源的指针，可以快速打开文件、文件夹或启动应用程序，减少了用户在计算机中查找文件等资源的操作。

为文件或文件夹在桌面上创建快捷方式的操作步骤如下：

（1）在资源管理器或驱动器窗口，选中要创建快捷方式的文件或文件夹。

（2）在"文件"菜单中，选择"发送到"选项，在弹出的子菜单中单击"桌面快捷方式"命令。这时就在桌面上创建了该文件或文件夹的快捷方式。

13. 文件或文件夹的搜索

如果用户要快速在文件、文件夹、计算机、网上用户或因特网上定位所需要的文件或文件夹，可以使用 Windows XP 为用户提供的搜索文件或文件夹的查找工具。常用的搜索方法如下：

（1）在资源管理器窗口中，单击"搜索"按钮，或打开"开始"菜单，执行其中的"搜索"命令，打开"搜索助理"窗口。

（2）根据要搜索的内容，选择相应的选项。例如，选择"图片、音乐或视图"，打开"图片、音乐或视图"窗口。

（3）搜索一个类型的所有文件，或按类型或名称进行搜索。例如，要搜索文件名中含有"计算机"的所有文件，在"全部或部分文件名"文本框中输入"计算机"。如果需要设置其他选项，可以单击"更多高级选项"。

（4）单击"搜索"按钮，开始搜索，搜索结果显示在右侧的窗口中。

如果要保存搜索结果，在搜索结束后，执行搜索结果窗口"文件"菜单中的"保存搜索"命令，打开"保存搜索"对话框，保存搜索到的结果。

另外，在查找文件或文件夹时，可以使用通配符"*"或"?"。一个"*"可以代替多个字符，一个"?"只代替一个字符。例如，输入"FILE*"，则可以搜索到以"FILE"开头的所有文件或文件夹名。

五、使用和维护 Windows XP 系统

1．安装常见的应用软件

（1）安装应用软件

Windows 的应用软件通常来自 CD 光盘或网络，从网络下载在本地计算机的应用软件通常是一个压缩文件（软件包），解压缩后通常都带有一个名为 setup.exe 的安装文件，双击该文件便可启动安装向导，用户可根据向导对话框的提示选择安装目录、组件等。有些应用程序光盘上带有自动播放程序 autorun.inf，当将光盘插入 CD-ROM 驱动器后，自动播放光盘上的内容或运行安装程序。

（2）卸载应用软件

在 Windows XP 中，不能直接通过删除应用程序所在文件夹的方法来删除应用软件，而必须运行软件本身自带的卸载程序或使用 Windows XP 提供的添加或删除程序来完成。

使用系统删除程序工具的操作步骤如下：

① 在"控制面板"窗口中双击"添加或删除程序"图标，打开"添加或删除程序"窗口。

② 选择要删除的程序，并单击右侧的"更改/删除"按钮，系统给出提示信息，询问用户是否真的删除程序，单击"确定"按钮后，开始卸载程序。

2．硬件的安装

计算机中的硬件设备必须安装了驱动程序之后才能运行。Windows XP 本身带有大量的硬件驱动程序，在安装硬件时，系统自动扫描所有的硬件设备（即插即用 PNP），如安装显卡、声卡、网卡等。如果系统带有该硬件的设备驱动程序就会自动安装，否则，必须自行安装驱动程序。

（1）安装显卡驱动程序

显卡又称显示适配器，将计算机中各种图形数据传送给显卡，经过加工处理后最后传送到显示器显示。如果操作系统不能正确识别显卡，将可能导致屏幕分辨率不高、颜色失真、图像质量差，显卡不能完全发挥作用。显卡主要分为扩展卡式的普通显示卡和主板集成式显示卡等。

安装显卡驱动程序的操作步骤如下：

① 在桌面上右击"我的电脑"，执行快捷菜单中的"属性"命令，打开"系统属性"对话框，选择"硬件"选项卡。

② 单击"设备管理器"按钮，打开设备列表并右击"显示卡"。

③ 在"显示卡"快捷菜单中单击"属性"命令，打开显卡属性对话框，选择"驱动程序"选项卡。

④ 单击"更新驱动程序"按钮，打开"硬件更新向导"对话框。

⑤ 选择"从列表或指定位置安装(高级)"单选项。

⑥ 安装设备驱动程序对话框。完成后系统提示用户驱动程序更新完毕。

（2）安装网络打印机

现在很多单位为了节约成本，普遍采取共享使用网络打印机的方法，就是多个部门的计

算机共用一台打印机。下面介绍如何添加网络打印机。

① 在一台计算机上安装好打印机的驱动，并且把打印机设为共享，不然其他计算机就没法使用这台打印机了。

② 添加网络打印机。最基本的方法是本地计算机上打开"本地或网络打印机"对话框，选中"网络打印机或连接到其他计算机的打印机"单选按钮。

③ 查找打印机。查找或指定提供网络打印机的计算机。选中"连接到这台打印机"单选按钮，并指定打印机所在的计算机名和打印机名称，如，\\server1\printer1。如果不确定打印机的名称，选中"浏览打印机"单选按钮，查找打印机。

④ 最后，系统提示安装信息，单击"是"按钮，系统自动安装驱动程序。

将新安装的打印机设置为默认的打印机，就可以使用打印机了。

（3）停用和卸载设备

如果有的设备在安装或使用过程中出现了问题，如不兼容或产生了冲突，需要停用或卸载该设备。具体操作步骤如下：

① 通过"控制面板"→"系统"→"系统属性"，选择"硬件"选项卡，单击"设备管理器"按钮，打开"设备管理器"窗口。

② 右击要停用或卸载的设备，从快捷菜单中执行"停用"或"卸载"命令。

③ 停用或卸载所选设备后，系统给出提示信息，确定是否停用或卸载所选设备。

停用后的设备可以再次启用。

3. 安装 Windows XP 组件

Windows XP 带有大量的程序组件，在安装系统时通常只安装其中常用的部分组件，其他组件则需要用户自行安装。其操作步骤如下：

（1）在"添加或删除程序"窗口中，单击"添加/删除 Windows 组件"按钮，打开"Windows 组件向导"对话框，如图 2-2 所示。

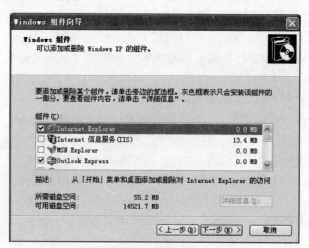

图 2-2   "Windows 组件向导"对话框

（2）选中要添加的组件名称前面的复选框（如果不选中复选框，则系统将卸载该组件），单击"下一步"按钮，开始安装所选组件。

安装结束后弹出"完成"对话框，结束 Windows 组件的安装。

4．安装与使用杀毒软件

安装及使用杀毒软件应该注意以下几点：①尽可能在没有被病毒感染的系统中安装杀毒软件。②尽量使用最新版本的杀毒软件。③尽可能及时升级病毒库。④不同的杀毒软件之间会产生冲突，因而最好不要在电脑中安装多个杀毒软件。

安装使用 360 安全卫士等软件对计算机进行实时保护。

5．安装与使用压缩软件

WinRAR 是常用的压缩工具，界面友好，使用方便，在压缩率和速度方面都有很好的表现。它默认的压缩格式为 RAR，该格式压缩率要比 ZIP 格式高出 10%～30%，同时它也支持 ZIP、ARJ、CAB 等类型的压缩文件。

6．数据备份

用户数据可能因人为错误、硬件故障或重大自然灾害而遭受损失，备份技术长期以来就是避免数据造成损失的行之有效的方法。备份最适合于迅速恢复大量的丢失信息，可以在短时间内将整个系统恢复到原有运行能力。使用 Windows XP 自带的备份文件的功能可以备份自己的文件，也可以使用专用的备份软件工具进行数据备份，如经常使用 Ghost 做数据备份。

六、自带常用软件的使用

1．使用记事本

记事本是一个用来创建简单文档的基本文本编辑器。记事本最常用来查看或编辑文本（.txt）文件，只能以纯文本格式打开和保存文件，它也是用户创建 HTML 网页的简单工具。

2．使用录音机

使用 Windows 提供的录音机，可以录制、混合、播放和编辑声音，也可以将声音链接或插入到另一文档中。启动录音机的操作方法是：单击"附件"→"娱乐"→"录音机"，打开"录音机"窗口，如图 2-3 所示。

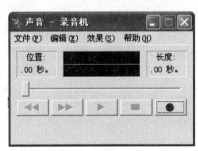

图 2-3　"录音机"窗口

- ●　[●]按钮：录音按钮。
- ●　[◄◄] [►►] [►] [■]：播放控制按钮，分别是后退、前进、播放和停止按钮。
- ●　显示正在播放的声音波形。

（1）录制和播放声音

使用录音机可以录制来自 CD 音乐、麦克风，以及外接音频信号等声音。下面以麦克风为例，介绍录制声音文件的方法。在录制声音之前，应先检查并确认计算机已经装有声卡、音箱、麦克风等设备。录制声音的具体操作步骤如下：

① 执行"录音机"窗口"文件"菜单中的"新建"命令。

② 单击●按钮，对着麦克风讲话就可以录音。要停止录音，单击■按钮。

③ 执行"文件"菜单中的"保存"命令，保存所录制的声音文件。

录制的声音以波形文件（.wav）保存起来。

使用录音机播放声音文件的操作步骤如下：

① 打开"录音机"窗口，执行"文件"菜单中的"打开"命令，出现"打开"对话框，选择要播放的声音文件（.wav），执行"打开"命令。

② 单击▶按钮开始播放声音，也可以拖动滑块从任意位置播放。

（2）编辑声音文件

使用录音机可以对声音文件进行简单的编辑和处理。例如，删除文件片断、在文件中插入声音、混入声音、改变播放速度、添加回响等。

● 删除部分声音

在录制声音的过程中，有些多余的声音也录制进来了，如开头空白和一些杂音等。在录制结束后一般都要删除这些多余的声音。操作步骤如下：

在"录音机"中打开要编辑的声音文件，将滑块移到要剪切的位置，执行"编辑"菜单中的"删除当前位置以前的内容"或"删除当前位置以后的内容"命令，删除指定部分的内容。

● 转换声音文件的格式

转换声音文件格式的操作步骤如下：

① 在录音机中打开声音文件，执行"文件"菜单中的"属性"命令，打开声音文件的"属性"对话框。

② 在"格式转换"选项中选择所需的格式，单击"立即转换"按钮，打开"声音选定"对话框，指定所需的格式和属性后，单击"确定"按钮，对声音文件进行格式转换。

● 插入和混入声音

插入声音是指从插入点开始，将一段声音片段插入到已经存在的声音中，原插入点后的声音片断往后移。混入声音是指将一段新声音片段与已经存在的声音重叠在一起。

插入声音的操作步骤如下：

① 使用录音机打开要修改的声音文件，将滑块移动到文件中要插入声音文件的位置。

② 执行"编辑"菜单中的"插入文件"命令，从打开的"插入文件"对话框中选择要插入的声音文件名称。

插入声音文件后，可以试听一下插入的声音效果。

混入声音的操作步骤如下：

① 使用录音机打开要修改的声音文件，将滑块定位到声音插入点。

② 执行"编辑"菜单中的"与文件混音"命令，打开"混入文件"对话框，选择要混入的声音文件名称。

混入声音文件后，播放试听混入的声音效果。

七、中文输入法使用

（1）常用的中文输入法

主要有键盘输入法、非键盘输入法和混合输入法三种类型。

● 键盘输入法是目前最常用的中文输入法。可分为区位码、音码、形码和音形码四种类型。

● 常见的非键盘输入法有光电输入法、手写输入法、语音识别输入法等。

● 混合输入法主要是指手写加语音识别的输入法。如：汉王听写、紫光笔等。

（2）输入法的切换

除了使用任务栏中的"语言栏"图标以外，还可以使用如下快捷键

● 中文输入法的切换：Ctrl+Shift

● 全角/半角字符的切换：Shift+空格

● 中英文标点符号的切换：Ctrl+．

（3）添加中文输入法

Windows XP 系统中内置有多种中文输入法，用户也可以安装使用其他汉字输入法，例如，五笔字型输入法、紫光拼音输入法等。添加中文输入法的操作步骤如下：

① 打开"控制面板"→"区域和语言选项"→"区域和语言"→"语言"选项卡。

② 单击"详细信息"按钮，出现"文字服务和输入语言"对话框。

③ 单击"添加"按钮，出现"添加输入语言"对话框，选择输入语言的种类为"中文(中国)"，并选中"键盘布局/输入法"复选框。

④ 从"键盘布局/输入法"下拉列表中选择一种所需的选项，单击"确定"按钮。

2.3　例题解析

【例1】在 Windows XP 的文件夹中，如果要选择多个不连续文件，可以按住＿＿＿＿键，再单击相应文件。

【答案】Ctrl。

【分析】按住 Ctrl 键可以选择多个不连续的文件；如果选择多个连续的文件，单击要选择的第一个文件，然后按下 Shift 键，再单击最后一个文件，则这个连续区域中的所有文件都被选中。

【例2】要重新将桌面上的图标按名称排列，可以用鼠标在桌面空白处右击，在出现的快捷菜单中，选择＿＿＿＿中的"名称"命令。

【答案】排列图标。

【分析】用鼠标在桌面空白处右击，在出现的快捷菜单中，可以选择对桌面图标重新排列、刷新桌面、将文件粘贴到桌面、在桌面上新建一个对象及设置显示属性等。

【例3】用"写字板"创建一个文档，当用户没有指定该文件的存放位置时，则系统将该文件默认存放在＿＿＿＿文件夹中。

【答案】我的文档。

【分析】在 Windows XP 中，当使用字处理软件进行编辑后保存时，默认的保存文件夹是"我的文档"，如写字板、记事本、Word 等，而"画图"工具软件默认的保存文件夹是"我的文档"中的"图片收藏"。

【例 4】在 Windows XP 中，下列不能用来作为文件夹名称的是（   ）。

    A．12%+3%   B．12-3 C．12*3!   D．1&2=0

【答案】C。

【分析】Windows XP 中的文件或文件夹的名称中可以有空格，但不能使用\/|:*?"<>这些字符。

【例 5】在 Windows XP 中，如果单击名字前带有"√"记号的菜单项，则（   ）。

    A．弹出子菜单   B．弹出对话框
    C．"√"变为"×"   D．名字前记号消失

【答案】D。

【分析】在 Windows XP 中，如果单击名字前带有"√"记号的菜单项，则名字前记号消失，表示取消该项操作；如果单击菜单后面带有省略号"…"的菜单项，则弹出对话框；菜单后带有三角符号的菜单项，则包含子菜单。

【例 6】在桌面上要移动 Windows 窗口，可以用鼠标指针拖动该窗口的（   ）。

    A．标题栏   B．边框   C．滚动条   D．控制菜单框

【答案】A。

【分析】在 Windows XP 中，如果窗口非最大化，移动 Windows 窗口可以拖动标题栏；通过边框可以改变窗口大小；单击控制菜单，可以根据菜单提示进行窗口操作。

【例 7】在退出 Windows 系统前直接关闭计算机电源，可能会破坏一些未保存的文件和正在运行的程序，并且很可能造成致命的错误而导致系统无法启动。（   ）

【答案】正确。

【分析】有些应用软件虽然有定时存储当前操作结果的功能，而有些应用程序可能正在对系统程序进行操作，如更新操作，这时如果直接关闭计算机电源，可能造成致命的错误而导致无法启动 Windows 系统。

【例 8】Windows XP 中的对话框可以移动，大小也可以改变。（   ）

【答案】错误。

【分析】在 Windows XP 中，窗口既可以移动，大小也可以改变，而对话框可以移动，但不能改变其大小。

2.1 巩固练习

一、填空题

1．Windows 操作系统管理用户数据的单位是_____。

2．Windows XP 操作系统是一个_____操作系统。

3．在 Windows XP 中，回收站是_____中的一块数据存储区。

4．Windows 中，用于对系统环境和设备进行设置和管理的应用程序是_____。

5．为应用程序创建桌面快捷方式，可右击程序图标，在快捷菜单中，单击"_____"菜单中的"桌面快捷方式"。

6．在 Windows 中，可以通过_____在两个正在运行的程序间传送信息。

7．在 Windows XP 的资源管理器中，若依次将"文件 1"，"文件 2"，"文件 3"复制到系统剪贴板中，然后使用粘贴操作，结果被复制的文件是_____。

8．设置墙纸为_____显示方式，则墙纸以外的桌面部分将由背景图案填空。

9．窗口排列方式有"横向平铺窗口"、"纵向平铺窗口"和"_____"三种。

10．在"资源管理器"中，若要选定连续的多个文件时，可先单击要选定的第一个文件，然后按下_____键，再单击最后一个文件，则这个连续区域中的所有文件都被选中。

11．在 Windows 中，"剪贴板"是_____中一块存储区域。

12．在"资源管理器"中，若误删除了硬盘上的文件，则可以从_____恢复。

13．在查找文件时，通配符*的含义是_____。

14．用_____键，可以在各种中文输入法之间循环切换。

15．在画图程序中绘制一个正圆，需要按住_____键。

16．按住_____键再按 Delete 键，将立即删除选中的文件或文件夹，而不会将它们放入回收站。

17．在 Windows 中，当用鼠标左键在不同驱动器之间拖动对象时，系统默认的操作是_____。

18．在 Windows 中，为了添加某个中文输入法，应选择_____窗口中的"输入法"选项。

19．如果要在启动 Windows 时让系统自动启动某个应用程序，应将该应用程序放在"开始"菜单"程序"的_____文件夹中。

20．每当运行一个 Windows 的应用程序，系统都会在_____上增加一个按钮。

二、选择题

1．在下列关于窗口与对话框的论述中，正确的是（　　）。

　　A．所有的窗口与对话框都有菜单栏

　　B．对话框既不能移动位置也不能改变大小

　　C．所有的窗口与对话框都可以移动位置

　　D．所有的窗口与对话框都不可以改变大小

2．在 Windows 的文件名中，（　　）符号是合法的。

　　A．*　　　　　　　B．/　　　　　　　C．空格符　　　　　　　D．：

3．在 Windows 中，可以同时打开位于两个盘符下的两个文件夹窗口，用鼠标将一个文件从一个窗口拖到另一个窗口中，通常是用于完成文件的（　　）。

　　A．复制　　　　B．移动　　　　　　C．删除　　　　　　D．更新

4．在 Windows 默认状态下，双击 ABC.bmp 文件图标，系统默认用（　　）程序打开。

　　A．CD 播放器　　B．画图　　　　　C．写字板　　　　　D．录音机

5. 在不同驱动器间移动文件夹，应在鼠标选中并拖曳至目标位置的同时要按下（   ）键。

    A. Ctrl   B. Alt   C. Shift   D. Caps Lock

6. 在 Windows XP 中，以下标识可以作为合法文件名的是（   ）。

    A. "12>.bat   B. ？你好.txt   C. 2%%%.doc   D. 电脑/网络。dbf

7. 对于 Windows 的控制面板，以下说法不正确的是（   ）。

    A. 从控制面板中无法删除计算机中已经安装的声卡设备

    B. 控制面板是一个专门用来管理计算机硬件系统的应用程序

    C. 对于控制面板中的项目，可以在桌面上建立它的快捷方式

    D. 可以通过控制面板删除一个已经安装的应用程序

8. Windows XP 操作系统是（   ）。

    A. 多用户多任务操作系统   B. 多用户单任务操作系统

    C. 单用户多任务操作系统   D. 单用户单任务操作系统

9. 在"我的电脑"窗口中，如果要将扩展名相同的文件连续排列在一起，应选择排列图标的方式为（   ）。

    A. 按名称排列   B. 按类型排列   C. 按大小排列   D. 按日期排列

10. 在资源管理器中，用鼠标右键拖动文件至另一文件夹中，不可以完成的操作是（   ）。

    A. 删除   B. 复制   C. 移动   D. 创建快捷方式

11. 在 Windows XP 资源器的左窗口中，如果某文件夹图标左边为"-"符号，则表示该文件夹（   ）。

    A. 不含有子文件夹   B. 含有未展开的子文件夹

    C. 含有子文件夹并且已展开   D. 是一个空文件夹

12. 以下（   ）应用程序最合适作为源程序输入的编辑程序。

    A. Word   B. Excel   C. 记事本   D. 写字板

13. 在 Windows 中，当程序因某种原因陷入死循环，能较好地结束该程序的是（   ）。

    A. 按 Ctrl+Alt+Del 组合键，然后选择"结束任务"结束该程序的运行

    B. 按 Ctrl+ Del 组合键，然后选择"结束任务"结束该程序的运行

    C. 按 Ctrl+Shift+Del 组合键，然后选择"结束任务"结束该程序的运行

14. Windows 中"磁盘碎片整理程序"的主要作用是（   ）。

    A. 修复损失的磁盘   B. 缩小磁盘空间

    C. 提高文件访问速率   D. 扩大磁盘空间

15. 在 Windows 中，下列关于"任务栏"的叙述，哪一种是错误的？（   ）

    A. 可以将任务栏设置为自动隐藏

    B. 任务栏可以移动

    C. 通过任务栏上的按钮，可实现窗口之间的切换

    D. 在任务栏上，只显示当前活动窗口名

16. 在 Windows XP 资源管理器中选定了文件或文件夹后，若要将其复制到同一驱动器的文件夹中，其操作为（   ）。

A．按住 Alt 键拖动鼠标 　　　　　B．按住 Shift 键拖动鼠标

C．直接拖动鼠标 　　　　　　　　D．按住 Ctrl 键拖动鼠标

17．在 Windows 中，实现前后台程序切换，可以使用的组合键是（　　）。

A．Alt+Ctrl 　　　B．Alt+Tab 　　　　　C．Alt+Shift 　　　　D．A1t+Caps Lock

18．在 Windows XP 中，呈浅灰色显示的菜单意味着（　　）。

A．该菜单当前不能选用 　　　　　B．该菜单正在使用

C．选中该菜单后将弹出对话框 　　D．选中该菜单后将弹出下级子菜单

19．操作系统是根据文件的（　　）来区分文件类型的。

A．打开方式 　　　B．主名 　　　　　　C．创建方式 　　　　　D．扩展名

20．磁盘扫描，下列说法最恰当的是（　　）。

A．只有在发现文件存储错误时才做 　　B．扫描的次数越多越好

C．一般是定期做较好 　　　　　　　　D．扫描的次数越少越好

21．Windows 是一个多任务的操作系统，可以同时打开多个窗口，但在某一时刻进行人机交互操作的窗口只能有（　　）。

A．一个 　　　　　　　　　　　　B．两个

C．多个 　　　　　　　　　　　　D．取决于用户的需要

22．在 Windows 中，当程序因某种原因陷入死循环，能较好地结束该程序的是（　　）。

A．按 Ctrl+A1t+Del 组合键，然后选择"结束任务"结束该程序的运行

B．按 Ctrl+Del 组合键，然后选择"结束任务"结束该程序的运行

C．按 A1t+Del 组合键，然后选择"结束任务"结束该程序的运行

D．直接按 Reset 键，使计算机结束该程序的运行

23．当屏幕的指针为沙漏加箭头，表示 Windows（　　）。

A．正在执行一个任务，不可以执行其他任务

B．正在执行打印任务

C．没有执行任何任务

D．正在执行一项任务，但仍可以执行其他任务

24．文件或文件夹的显示方式中，可以显示其大小及建立或最后修改的时间等信息的方式是（　　）。

A．大图标 　　　　　B．列表 　　　　　C．详细资料 　　　　　D．缩略图

25．如果设定了桌面的背景图案又设定了墙纸，下列叙述正确的是（　　）。

A．桌面的图案和墙纸是一回事

B．图案和墙纸只能选择系统预设的几种

C．在平铺和拉伸显示方式下，墙纸将覆盖背景内容

D．在平铺和拉伸显示方式下，墙纸以外的桌面部分将由背景图案填充

26．在 Windows XP 的"资源管理器"窗口中，当选定 U 盘上的文件按了 Del 键后，所选定的文件将（　　）。

A．不被删除，也不放入"回收站" 　　B．被删除并放入"回收站"

C．不被删除，但放入"回收站" 　　　D．被删除，但不放入"回收站"

27．用鼠标右键拖动图标会出现快捷菜单，下列不是该菜单中的选项是（　　）。

A．复制到当前位置   B．移动到当前位置

C．粘贴到当前位置   D．在当前位置创建快捷方式

28．磁盘碎片是由于（ ）。

A．频繁地删除文件或新建文件的操作产生的

B．磁盘扫描产生的

C．磁盘受到外部强磁场磁化产生的

D．不可知的原因产生的

29．在 Windows XP 中有两个管理系统资源的程序组，它们是（ ）。

A．"我的电脑"和"控制面板" B．"资源管理器"和"控制面板"

C．"我的电脑"和"资源管理器" D．"控制面板"和"开始"菜单

30．当 Windows 系统用了很长时间后，速率会越来越慢，用杀毒软件也没发现病毒，导致上述现象的原因是（ ）。

A．系统使用时间过长，磁盘碎片过多，系统变慢，需检查和整理磁盘

B．计算机元器件老化，需要更换新部件

C．计算机内存和计算机硬盘容量太小，需要更换容量大的

D．Windows 虚拟内存文件设得太大

31．如果在 Windows 的资源管理底部没有状态栏，那么要增加状态栏的操作是（ ）。

A．执行"编辑"菜单中的"状态栏"命令

B．执行"查看"菜单中的"状态栏"命令

C．执行"工具"菜单中的"状态栏"命令

D．执行"文件"菜单中的"状态栏"命令

32．在 Windows 中，使用键盘进行菜单操作，可以通过同时按（ ）键和菜单中带下划线的字母键来选择某个菜单项。

A．Ctrl   B．Shift   C．Alt   D．Ctrl+Alt

33．Windows XP 中，通过"鼠标属性"对话框，不能调整鼠标器的（ ）。

A．单击速度 B．双击速度 C．移动速度 D．指针轨迹

34．目前常用的保护计算机网络安全的技术性措施是（ ）。

A．防风墙 B．防火墙 C．360 杀毒软件 D．使用 Java 程序

35．在 Windows 中，可以同时运行多个应用程序，如果要在已运行的各个程序之间进行切换，以下错误的叙述是（ ）。

A．用鼠标左键单击应用程序窗口的任何部分

B．用鼠标左键单击任务栏中应用程序对应的任务按钮

C．按 Alt+Tab 组合键

D．按 Alt+Shift 组合键

三、判断题

1．鼠标左键双击和右键双击均可打开一个文件。   （ ）

2．在 Windows XP 默认方式下，当系统要求用户施加某种操作时，在桌面或窗口中将出现"沙漏"形状的鼠标光标。   （ ）

3．在"标题栏"上单击鼠标右键，在打开的菜单中执行"最小化"命令，可以使该窗口最小化。　　　　　　　　　　　　　　　　　　　　　　　　　　　　　（　　）

4．右键单击"开始"菜单，然后按 E 键可打开"资源管理器"窗口。　　（　　）

5．在"资源管理器"和"我的电脑"窗口中，都可以对文件夹进行复制、删除等有关的操作。　　　　　　　　　　　　　　　　　　　　　　　　　　　　　　（　　）

6．在文件夹窗口中，如果某文件已经被选中，先按住"Ctrl"键，再单击这个文件，即可取消选定。　　　　　　　　　　　　　　　　　　　　　　　　　　　（　　）

7．对话框中的复选框是指一组互相排斥的选项，一次只能选中一项，外形为一个正方形，方框中有"√"表示选中。　　　　　　　　　　　　　　　　　　　　（　　）

8．在 Windows XP 的"资源管理器"窗口内，可以同时显示出几个文件夹各自下属的所有情况。　　　　　　　　　　　　　　　　　　　　　　　　　　　　　　（　　）

9．Windows XP 窗口不仅可以移动，也可以改变其大小。　　　　　　　（　　）

10．在"资源管理器"左部窗格中，若显示的文件夹图标前带有加号(+)，意味着该文件夹含有下级文件夹。　　　　　　　　　　　　　　　　　　　　　　　　（　　）

11．在 Windows XP 的"资源管理器"的窗口右窗格，若单击第一个文件后，再按住 Ctrl 键，单击第 5 个文件，则有 5 个文件被选中。　　　　　　　　　　　　　（　　）

12．x÷y 是非法的 Windows XP 文件夹名。　　　　　　　　　　　　　（　　）

13．在文件夹窗口中，如某文件已经被选中，先按住"Ctrl"键，再单击这个文件，即可取消选定。　　　　　　　　　　　　　　　　　　　　　　　　　　　（　　）

14．在 Windows XP 资源管理器中，要显示所选定对象属性的对话框，可以用鼠标右击对象来实现。（　　　）

15．将文件设置成具有"只读"属性可以保护文件不被误删除或修改。　（　　）

16．在 Windows XP 中，"回收站"是硬盘上的一块区域。　　　　　　（　　）

17．Windows XP 系统中的"回收站"，可以存放 U 盘、硬盘中被删除的信息。（　　）

18．若使用 Windows XP 的"写字板"创建一个文档，当用户没有指定该文件的存放位置时，则系统将该文件默认存放在"我的文档"文件夹中。　　　　　　　　（　　）

19．"开始"菜单中的"搜索"项只能查找硬盘上存在的文件或文件夹。（　　）

20．语言栏可以浮动显示在屏幕上，也可以显示在任务栏上。　　　　（　　）

21．在"文字服务和输入语言"对话框中可以实现中文输入法的安装和删除操作。　　　　　　　　　　　　　　　　　　　　　　　　　　　　　　　　　　（　　）

22．计算机闲置的时间达到一定值时，将会执行屏幕保护程序，这个时间值是固定的不能改变。　　　　　　　　　　　　　　　　　　　　　　　　　　　　　（　　）

23．因为 Windows XP 支持即插即用，所以所有安装的设备都不需要驱动程序。　　　　　　　　　　　　　　　　　　　　　　　　　　　　　　　　　　　（　　）

24．网络打印机是指连在 Internet 上的打印机。　　　　　　　　　　（　　）

25．要卸除一种中文输入法，可在"资源管理器"窗口中进行。　　　（　　）

四、简答题

1．关闭计算机和使计算机处于待机状态，有什么不同？

2．资源管理器窗口由哪几部分组成？

3．如何设置鼠标，使其移动时显示指针的移动轨迹？

4．你能使用哪几种方法移动或复制文件？

5．在 Windows XP 中，如何添加一种中文输入法？

6．使用录音机如何删除一块含有杂音的声音？

7．什么是本地打印机？什么是网络打印机？

8．由于误操作，小明不小心将 D:\XSCJ 文件夹给删除了，请帮小明恢复该文件夹，并确保该文件夹不会因为误操作而再被删除，写出操作步骤。

9．依据图 2-4 所示，回答问题。

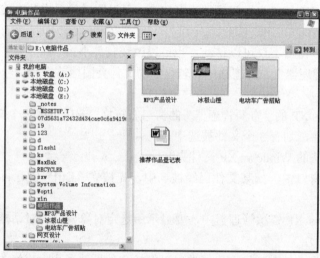

图 2-4　Windows XP 窗口

（1）文件"推荐作品登记表"的位置应该如何描述？

（2）右窗口中的显示方式是什么？

（3）将文件夹"冰极山橙"更名为"平面图像处理作品"的操作步骤。

10．在 Windows XP 中当前窗口如图 2-5 所示，要求用快捷键将 new.xls 移动到 E 盘 01 文件夹中，试写出完成该操作的步骤。

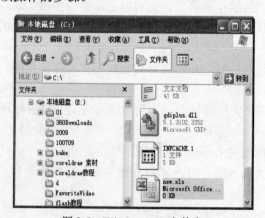

图 2-5　Windows XP 文件夹

2.5　上机练习

操作 1　文件资源管理

【操作目的】

1．能打开 Windows 资源管理器；
2．掌握资源管理器的使用方法；
3．掌握文件和文件夹的基本操作。

【操作步骤】

1．打开 Windows 资源管理器

（1）分别右击桌面上"我的电脑"、"我的文档"、"回收站"、"网上邻居"和"开始"按钮，观察快捷菜单中是否含有"资源管理器"选项；

（2）选择其中的一种方法打开"资源管理器"窗口。

2．资源管理器的操作

（1）对比观察"资源管理器"窗口与"我的电脑"窗口的不同；

（2）观察"资源管理器"窗口左侧目录树的结构；

（3）调整"资源管理器"窗口左右窗格的大小；

（4）选择目录树结构中带"+"号的文件夹，展开该文件夹，直到该文件夹中的所有文件夹都被展开，观察右侧窗格文件或文件夹的变化；

（5）单击"－"号，折叠展开后的文件夹，观察右侧窗格文件或文件夹的变化；

（6）通过"查看"菜单的"排列图标"选项，分别按名称、类型、大小及日期排列图标，观察右侧窗格中文件或文件夹位置的变化。

3．文件和文件夹的操作

（1）在 D 驱动器中新建文件夹 Myfile；

（2）在文件夹 Myfile 中新建两个子文件夹 file1 和 file2；

（3）在文件夹 file1 中新建一个文本文件（ws.txt），并输入以下内容：

温室效应，又称"花房效应"，是大气保温效应的俗称。大气能使太阳短波辐射到达地面，但地表向外放出的长波热辐射线却被大气吸收，这样就使地表与低层大气温度增高，因其作用类似于栽培农作物的温室，故名温室效应。如果大气不存在这种效应，那么地表温度将会下降约 3 度或更多。反之，若温室效应不断加强，全球温度也必将逐年持续升高。自工业革命以来，人类向大气中排入的二氧化碳等吸热性强的温室气体逐年增加，大气的温室效应也随之增强，已引起全球气候变暖等一系列严重问题，引起了全世界各国的关注。

（4）用两种不同的方法将 ws.txt 文件复制到文件夹 file2 中；

（5）用两种不同的方法将文件夹 file1 中的 ws.txt 文件移到文件夹 Myfile 中；

（6）将文件夹 file2 复制到文件夹 file1 中；

（7）将文件夹 Myfile 中的 ws.txt 改名为 wsqt.txt；

（8）分别查看文件夹 Myfile 及该文件夹中 wsqt.txt 文件的属性；

（9）删除文件夹 Myfile 中的 wsqt.txt 文件；

（10）分别删除文件夹 file1 和 file2，最后删除文件夹 Myfile；

（11）清空回收站。

操作 2　Windows XP 个性设置

【操作目的】

1．掌握鼠标的设置方法；

2．能够设置桌面背景；

3．能自定义"开始"菜单；

4．能自定义任务栏；

5．下载一种汉字输入法，如 QQ 拼音输入法、搜狗拼音输入法；

6．安装下载的拼音输入法；

7．汉字输入法的设置。

【操作步骤】

1．鼠标的设置

（1）通过"开始"→"控制面板"→"鼠标"图标，打开"鼠标属性"对话框；

（2）分别设置鼠标的左右键、双击速度，验证设置效果；

（3）设置鼠标指针形状，验证设置效果；

（4）设置鼠标指针移动速度，验证设置效果；

（5）设置鼠标的滚轮，验证设置效果。

2．桌面设置

（1）设置桌面主题。打开"显示属性"对话框，在"主题"选项卡中，分别选择 Windows 经典、Windows XP 等主题，观察设置效果；

（2）设置桌面背景。选择一幅图片作为桌面背景，分别设置居中、平铺和拉伸，观察设置效果；

（3）设置屏幕保护程序。选择一个屏幕保护程序，在屏幕的预览窗口中观察其效果；

（4）设置 Windows 外观效果；

（5）调整屏幕分辨率和颜色。将屏幕调整为最高的分辨率和颜色质量。

3．自定义"开始"菜单

（1）右击"开始"按钮，执行"属性"命令，打开"任务栏和[开始]菜单"对话框，选择"[开始]菜单"选项卡；

（2）自定义"开始"菜单，然后单击"开始"按钮观察设置效果；

（3）在"高级"选项卡对"开始"菜单、菜单上的项目、最近使用的文档进行设置，然后单击"开始"按钮观察设置效果。

4．自定义任务栏

（1）任务栏的组成。分别观察任务栏中的快速启动栏、打开的程序按钮、通知区域由哪些元素组成；

（2）定制任务栏。在"任务栏和[开始]菜单"对话框，选择"任务栏"选项卡，然后分别自定义任务：锁定任务栏、自动隐藏任务栏、将任务栏保持在其他窗口的前面、分组相似任务栏按钮、显示快速启动、显示时钟、隐藏不活动的图标等，分别观察设置效果。

5．下载汉字输入法（如 QQ 拼音输入法、搜狗拼音输入法）；

6．安装下载的拼音输入法。

7．设置输入方法的属性

（1）设置输入法的方法

当运行一个应用程序或打开一个新窗口时，可以直接打开自己习惯的输入法，可以将该输入法设置为默认的输入方法。在"文字服务和输入语言"对话框的"默认输入语言"选项列表中，选择一种输入方法，如紫光拼音输入法，然后单击"应用"或"确定"按钮。

（2）设置输入法的快捷键

单击"文字服务和输入语言"对话框的"设置键"按钮，打开如图 2-6 所示的"高级键设置"对话框。在"输入语言的热键"选项列表中，可以查看系统当前各项操作的设置。如在不同语言之间的切换快捷键是 Ctrl+Shift；输入法与非输入法之间的切换快捷键是 Ctrl+Space；半角与全角之间切换的快捷键是 Shift+Space。

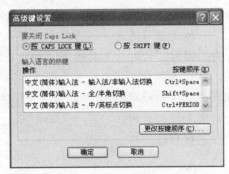

图 2-6 "高级键设置"对话框

（3）在"输入语言的热键"选项列表中，选中一种输入法，例如，选中"中文(简体)－微软拼音输入法"。

（4）单击"更改按键顺序"按钮，打开"更改按键顺序"对话框，如图 2-7 所示。

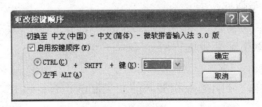

图 2-7 "更改按键顺序"对话框

（5）选中"启用按键顺序"复选项，设置一种按键方式。例如，设置快捷键 Ctrl+Shift+3，单击"确定"按钮。

设置好输入法的快捷键后，当要选择微软拼音输入法时，不必使用 Ctrl+Shift 键来逐项选择，可以直接使用快捷键 Ctrl+Shift+3，切换至微软拼音输入法。

操作 3　工具软件的使用

【操作目的】

1. 掌握记事本的使用方法;
2. 掌握录音机的使用方法;
3. 掌握画图程序的使用方法;
4. 会使用 Windows Media Player 媒体播放器;

【操作步骤】

1. 使用记事本

(1) 通过"附件"打开记事本;

(2) 在记事本中使用自己熟悉的输入法,输入如下文字:

崂山是山东半岛的主要山脉,最高峰崂顶海拔 1127 米,是我国海岸线第一高峰,有着海上"第一名山"之称。它耸立在黄海之滨,高大雄伟。山光海色,道教名山。

山海相连,山光海色,正是崂山风景的特色。在全国的名山中,唯有崂山是在海边拔地崛起的。绕崂山的海岸线长达 87 公里,沿海大小岛屿 18 个,构成了崂山的海上奇观。当你漫步在崂山的青石板小路上,一边是碧海连天,惊涛拍岸;另一边是青松怪石,郁郁葱葱,你会感到心胸开阔,气舒神爽。因此,古时有人称崂山"神仙之宅,灵异之府。"

(3) 通过"格式"菜单,将输入的全部字体设置为楷体、四号;

(4) 通过"格式"菜单,设置"自动换行",观察输入文字的变化;

(5) 将第一段移到最后,成为最后一段;

(6) 以"小鱼山"为文件名保存该文件。

2. 使用录音机

(1) 在录制声音之前,应先检查并确认计算机已经装有声卡、音像、麦克风等设备;

(2) 执行"录音机"窗口"文件"菜单中的"新建"命令;

(3) 单击●按钮,对着麦克风讲话,录音机开始录音;

(4) 单击■按钮,停止录音;

(5) 单击▶按钮开始播放声音;

(6) 拖动滑块,执行"编辑"菜单中的"删除当前位置以前的内容"或"删除当前位置以后的内容"命令,删除指定部分的内容;

(7) 保存录制的声音;

(8) 再录制一段声音,分别插入和混入前面录制的声音。

3. 使用画图程序

(1) 通过"附件"打开画图程序窗口;

(2) 查找一幅图片,然后打开该图片;

(3) 在图片中选取一个矩形区域,然后分别移动、复制、粘贴该区域;

(4) 撤销上述操作,再选取一个不规则区域,然后分别移动、复制、粘贴该区域;

(5) 通过"图像"菜单,分别进行图片的翻转/旋转、拉伸/扭曲、反色、设置属性等操

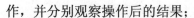

作，并分别观察操作后的结果；

（6）试修饰该图片；

（7）在图片中添加文字说明"我修饰后的图片"；

4．使用媒体播放器

（1）启动 Windows Media Player 媒体播放器；

（2）播放音乐。在计算机中查找一段音乐（CD 音乐、MP3、MIDI）进行播放；

（3）通过"查看"菜单设置不同的可视化效果，并观察其效果；

（4）播放视频。通过 Windows Media Player 媒体播放器播放 VCD 等视频，并调整窗口大小；

（5）使用 Windows Media Player 收听广播。连接 Internet，单击"收音机调谐器"按钮，播放器将自动连接到电台站点，选择一个频道的超级链接，单击"播放"按钮，收听该电台的广播。

操作 4　数据备份与恢复

【操作目的】

1．掌握重要数据的备份和恢复方法；

2．掌握系统的备份与还原方法。

【操作步骤】

1．重要数据的备份和恢复

（1）执行"开始"按钮，选择"所有程序"→"附件"→"系统工具"→"备份"命令，打开"备份或还原向导"对话框，如图 2-8 所示。

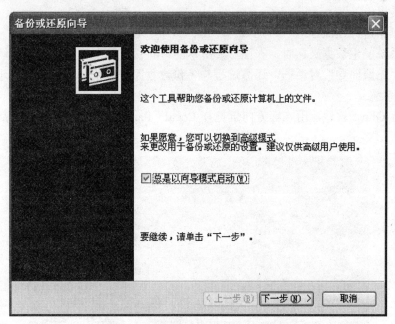

图 2-8　"备份或还原向导"对话框

（2）在对话框中单击"高级模式"，打开备份工具窗口，如图2-9所示；

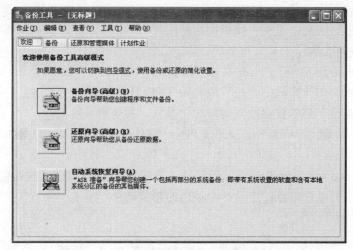

图2-9 "备份工具"窗口

（3）在"欢迎"选项卡中单击"备份向导（高级）"按钮，启动"备份向导"，并单击"下一步"按钮。

（4）选择第二项"备份选定的文件、驱动器或网络数据"单选按钮，并单击"下一步"按钮。

（5）选择要备份的内容，单击"下一步"按钮。

（6）单击"选择保存备份的位置"，确定备份文件的存储文件夹及备份文件的名字。单击"下一步"按钮。

（7）单击"完成"按钮，开始备份操作。备份向导转为"备份进度"对话框，并在最后显示备份结果报告。

（8）对数据进行还原。

当计算系统发生数据破坏时，在图2-9所示的"备份工具"窗口中，单击"还原向导"按钮，打开"还原向导"对话框，还原过程与备份过程刚好相反，根据向导提示操作即可。

2．备份系统

（1）运行Ghost软件，用光标方向键选择Local—Partition—To Image，然后按回车键，如图2-10所示。

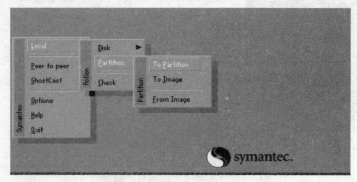

图2-10 Ghost运行界面

（2）出现选择本地硬盘窗口，按回车键。

（3）选择要备份的目标分区，备份系统选第一个分区，按"OK"按钮确定。

（4）选择镜像文件的存储位置，默认存储位置是 Ghost 文件所在的文件夹，在 File name 处输入镜像文件的文件名，再按回车键。

（5）接着出现"是否要压缩镜像文件"对话框，有"No（不压缩）、Fast（快速压缩）、High（高压缩比压缩）"，选 Fast 即可。

（6）接着又出现一个提示窗口，按"Yes"按钮，回车确定。

（7）备份结束后回到 Ghost 界面；再按"Q"键，退出 Ghost。

3．还原系统

（1）运行 Ghost 软件，用光标方向键选择 Local－Partition－From Image，然后按回车键。

（2）出现"镜像文件还原位置窗口"，输入镜像文件的完整路径及文件名。

（3）出现"从镜像文件中选择源分区"窗口，直接回车。

（4）出现"选择本地硬盘"窗口，再回车。

（5）出现"从硬盘选择目标分区"窗口，选择目标分区（即要还原到哪个分区），回车。

（6）出现提问窗口，按"Yes"按钮，回车确定，开始还原分区信息。

（7）还原结束后，选"Reset Computer"，重启电脑。

第 **3** 章

因特网应用

3.1 学习目标

1. 了解因特网的基本概念及提供的服务；
2. 了解 TCP/IP 协议在网络中的作用，会配置 TCP/IP 协议的参数；
3. 了解因特网的常用接入方式及相关设备；
4. 会根据需要将计算机通过相关设备接入因特网；
5. 了解无线网络的使用方法；
6. 熟练使用浏览器浏览和下载相关信息；
7. 熟练使用搜索引擎检索信息；
8. 为适应不同需要，会配置浏览器中的常用参数；
9. 会申请电子邮箱并熟练收发电子邮件；
10. 会使用常用电子邮件管理工具；
11. 会使用常用即时通信软件；
12. 会使用工具软件上传/下载信息；
13. 会申请和使用网站提供的网络空间，如网络日志、网络硬盘、网络相册等；
14. 了解常见网络服务与应用，如网上学习、网上银行、网上购物、网上求职等。

3.2 知识要点

一、计算机网络的发展

计算机网络是将地理位置不同但具有独立功能的多个计算机系统，通过通信设备和通信线路相互连接起来，在网络软件的管理下实现数据通信和资源共享的系统。

1969 年 12 月，Internet 的前身——美国的 ARPA 网投入运行，它标志着计算机网络的兴起。为实现计算机网络通信，国际标准化组织 ISO 在 1984 年正式颁布了"开放系统互连基本参考模型"OSI 国际标准，使计算机网络体系结构实现了标准化。进入 20 世纪 90 年代，计算机网络技术得到了迅猛的发展。目前，Internet 已经成为人类最重要的、最大的知识宝库。

二、计算机网络的分类

按网络覆盖的地理范围：将网络分为广域网 WAN、局域网 LAN 和城域网 MAN。
按网络的拓扑结构：主要有星型网、总线型网、环型网等。
按网络传输介质类型：将网络分为无线网和有线网。

三、组网和连网的硬件设备

（1）传输介质：常见的有同轴电缆、双绞线、光纤或无线介质。
（2）网络接口卡：简称网卡，又称为网络适配器，是计算机与传输介质之间的物理接口。
（3）集线器 HUB：主要起分支作用，将一条线路分成多条线路。
（4）路由器：用于检测数据的目的地址，对路径进行动态分配。是实现局域网与广域网互连的主要设备。

四、因特网的基本知识

1．启动 IE，浏览网页

启动 IE 浏览器有多种方法：
- 双击桌面上的 IE 浏览器图标，启动 IE 浏览器。
- 单击快速启动任务栏中的 IE 浏览器图标，启动 IE 浏览器。
- 通过执行"菜单"→"所有程序"→"Internet Explorer"命令，启动 IE 浏览器。
- 通过双击网页文件图标，打开 IE 浏览器。

启动 IE 浏览器以后，就可以浏览网页了，也有多种方法：
- 在 IE 浏览器窗口地址栏中输入网址。
- 从收藏夹中选择已经收藏的网址。
- 从地址栏下拉列表中选择曾经浏览过的历史记录中的网址。

2．Internet 提供的服务

包括：电子邮件服务（E-mail 服务）、远程登录服务（TELNET 服务）、文件传输服务（FTP 服务）、万维网服务（WWW 服务）、其他服务，如新闻服务（NEWS 服务）、电子公告牌服务（BBS 服务）等。

3．几个重要的概念

（1）Internet 和 Intranet
① Internet 是一个全球计算机互联网络；它采用 TCP / IP 协议使全球 Internet 用户互联。

采用超文本技术实现多种媒体同时传送的服务效果。

② Intranet 是指采用 Internet 技术建立的企业内部网络。它是基于 Internet 通信标准、Web 技术和设备，来构造或改造成自成独立体系的企业内部网。

（2）网页、网站和主页

① 网页是采用超文本结构语言编写，使用浏览器在网上浏览的特殊文件。

② 网站是一些通过超级链接组织起来的网页。

③ 使用浏览器进入网站的根目录时，默认显示的第一个页面就是网站的主页。

（3）TCP / IP 协议

TCP / IP 协议是传输控制协议和网际协议的英文简称。是因特网上信息交换的通信规则，它包括了一组相关的网络协议，TCP 和 IP 只是其中的两个最重要的协议。

（4）IP 地址

IP 地址，即计算机在网络上的地址。IP 地址采用 32 位二进制数。为便于管理，将其分为四段，用三个圆点隔开的四个十进制数表示，且每个十进制数的范围是 0~255。

由于网络中的 IP 地址很多，所以又将它们分为 A、B、C、D、E 五类。

（5）域名

① 由于 IP 地址是一组数字，对用户来说，记忆比较困难，所以引进了域名。域名和 IP 地址都是表示主机的地址，实际上是一件事物的不同表示。域名和 IP 地址的转换由域名服务器 DNS 完成。

② 主机的域名采用层次结构，用句点隔开，顶级域名在最右侧，向左依次为二级域名、三级域名……

（6）统一资源定位器（URL）

网络中资源的获取方式、存放位置和资源名称就称为统一资源定位器。格式为：

＜协议＞：∥＜域名或 IP 地址＞ / ＜路径＞ / ＜文件名＞

4．IE 浏览器的设置

IE 提供了丰富的属性选项，使用户可以根据需要和习惯来配置浏览器。在浏览器窗口的"工具"菜单项中单击"Internet 选项"，即可打开"Internet 选项"对话框；单击"控制面板"中的"Internet 属性"图标，也可打开"Internet 选项"对话框，其中包括"常规"、"安全"、"内容"、"连接"、"程序"及"高级"共 6 个选项卡。

优化浏览器：设置主页、删除 Cookies、设置 Internet 临时文件夹、清除历史记录。

五、搜索下载网上资源

1．搜索引擎

搜索引擎是一个为用户提供信息"检索"服务的网站，它使用某些程序把因特网上的信息归类以帮助人们在茫茫网海中搜寻到所需要的信息。注意要选择合适的关键词，也可以输入多个关键词。

"百度"是一个综合性的搜索引擎，在上面不但可以搜索网页、图片、音乐、视频等等，还能进行知识的查询。注册了百度会员后，可以使用"百度知道"提出自己的问题、解答别人的问题、学习别人的问题和答案。

2．资料的搜索

打开 IE 浏览器，在地址栏中输入搜索类网站的域名或 IP 地址，按回车键，进入网站；从搜索引擎中输入关键词，开始搜索；找到后，打开资源所在网页。

3．资料的保存

（1）采用收藏夹保存：在浏览器中看到需要的网页以后，单击主菜单中的"收藏"→"添加到收藏夹"→"确定"。

（2）保存完整的网页：在浏览器中看到需要的网页以后，单击主菜单中的"文件"→"另存为"→设置保存类型，输入另存文件名→单击"保存"。

（3）保存网页上的文本资料：将网页上的文本资料用鼠标刷黑选中，复制后再粘贴到文本文件中。

（4）图像资料的下载保存：找到需要的图片后，在图片上单击鼠标右键，选择图像另存为，再选择保存位置和保存文件名，最后确定。

（5）音频资料的下载保存：找到需要的音频后，试听，在出现的窗口中一般显示资源的存储位置，单击鼠标右键选择另存为，或单击后自动用迅雷等工具保存。

（6）视频资料的下载保存：可以使用常用的下载软件如迅雷、网际快车、维裳等来进行下载。

4．上传、下载和断点续传

上传是指用户将资源由用户的计算机传送到服务器中的过程；

下载是指用户将服务器上的资源复制到用户使用的计算机中的过程；

断点续传是指在传送中遇到问题中断传送后，能够根据已经传送的内容，从中断处继续传送而保持完整，不必从头开始传送的方式。

六、申请邮箱并收发电子邮件

1．申请免费邮箱

申请过程：选择提供电子邮件服务的 ISP；打开 IE 浏览器进入账号申请页面；阅读并确认服务条款；检查账号是否被抢注；如果被抢注，则更换一个；输入相关信息资料；提交资料申请成功。

用户名由 26 个英文字母（不分大小写）、0 到 9 十个数字、句点、减号或下划线组成，长度为 3 到 18 个字符，只能以字母或数字开头和结尾。通常以简单、易记、有意义为标准。

2．E-mail 地址格式

E-mail 地址格式为：　＜用户名＞@＜邮件服务器域名＞

3．使用 Web 方式收发邮件

从浏览器地址栏中输入邮箱网页地址；输入账号和密码进入邮箱页面；单击收件箱可查看别人发来的邮件，双击主题可打开邮件查看详细内容；右键单击邮件中的附件，选择"另存为"或直接单击"下载附件"可将附件下载到计算机中打开观看；单击"写信"或"回复"可给别人写信或回复别人的邮件；单击"添加附件"，可进入选择附件界面；单击"发送"将邮件发出。

4．使用 POP 方式收发邮件

设置 Outlook 或 Foxmail，主要是需要设置 SMTP 和 POP 服务器，否则无法成功发送和接收电子邮件。如在 Outlook Express 中执行"工具"菜单中的"账户"命令，进入"Internet账户"对话框，单击"邮件"选项卡，已经建立的电子邮件账户将显示在列表框中，增加新邮件账号时，单击"添加"按钮，选择"邮件"选项，按照计算机提示进行设置。

5．ISP、SMTP、POP

ISP 即 Internet 服务提供商和英文缩写；SMTP 即简单邮件传输控制协议；POP 即邮局协议。

6．网络硬盘

网络硬盘是服务器提供存储空间，用于存放临时数据和文件。如网易邮箱提供的网络硬盘。

七、使用即时通信工具

1．即时通信工具

（1）QQ 的基本操作
①下载、安装 QQ 即时交流工具；　②申请 QQ 账号，登录 QQ、添加好友；
③设置聊天字体和颜色、进行文字交流；　④音频与视频设置、通话、视频交流；
⑤传送文件、发送自定义表情；　⑥使用屏幕截图截取信息，发送图片；
⑦管理聊天记录，使用 QQ 皮肤管理器、设置个性化环境；　⑧开通激活 QQ 空间。
（2）管理 QQ 空间：修改资料、上传头像、写日志、传照片、设计房间等。
（3）利用 QQ 共享文档
（4）QQ 群和校友录

2．其他即时通信工具

如 MSN、UC. Skype 等。

八、因特网的接入方式和安全设置

1．常见的 Internet 接入方式

ADSL 接入、DDN 专线接入、ISDN 接入、基于有线电视网接入、无线接入等。
- 非对称数字用户线路（Asymmetrical Digital Subscriber Line）简称 ADSL；
- 综合业务数字网（Integrated Service Digital Network），简称 ISDN；
- 数字数据网（Digital Data Network），简称 DDN。

2．ADSL 接入

从 ISP 处申请到账号和密码，创建 ADSL 拨号连接，双击宽带连接图标，输入用户账号和密码，虚拟拨号即可。

3．连接属性的设置

在本地连接属性中选择"Internet 协议（TCP/IP）"选项，再单击"属性"按钮，可以设置本机的 IP 地址、子网掩码、默认网关和 DNS 服务器地址。

4．设置计算机名称和工作组

右键单击"我的电脑"选属性→选择"计算机名"选项卡→单击"更改"按钮→输入计算机名和工作组名→单击确定，然后重启计算机即可。

5．设置共享文件夹和共享打印机

右键快捷菜单中"共享和安全" →"在网络上共享"→输入共享名称。

6．网络安全设置

在 IE 浏览器的"工具"菜单中单击"Internet 选项"，即可打开"Internet 选项"对话框。

提高安全性：设置安全选项卡、隐私选项卡和内容选项卡，在自动完成中清除表单、清除密码。

也要借助防火墙（Firewall）软件提高网络的安全性。

3.3　例题解析

【例 1】计算机网络的基本功能是＿＿＿＿和数据通信。

【答案】资源共享

【分析】计算机网络的功能包括资源共享、数据通信、分布式处理、综合信息服务等。其中资源共享、数据通信是计算机网络最基本的功能。

【例 2】＿＿＿＿地址（简称 URL）是一个页面的完整 Internet 地址，包括一个网络协议、网络位置，以及选择通路和文件名。

【答案】统一资源定位符

【分析】URL 地址是一个页面的完整 Internet 地址，包括一个网络协议、网络位置，以及选择通路和文件名。例如，国家教育部的 URL 地址为 http://www.edu.gov.cn 。其中，"http"指出要使用 HTTP (Hyper Text Transfer Protocol, 超文本传输协议)，协议名后必须有"：//"；　www.edu.gov.cn 指出要访问的服务器的主机名。

【例 3】＿＿＿＿是 Internet 中用于解决地址对应问题的一种方法。

【答案】域名

【分析】域名的形式由若干个英文字母和数字组成，书写的时候，顶级域名放在最右面，各级名字之间"."隔开。Internet 主机的域名的一般格式为：四级域名.三级域名.二级域名.顶级域名(并不一定分四级)。例如，新浪网的域名为 www.sina.com.cn,

表示主机是在中国（cn）注册的，属于盈利性的商业实体（com），名字叫新浪（sina），是万维网的子网（www）。

【例4】只要遵循（   ）标准，一个系统就可以和位于世界上任何地方的遵循同一标准的其他任何系统进行通信。

  A. OSI   B. ISO   C. 中国   D. 协议

【答案】D

【分析】为了解决系统互联问题，也就为了将位于世界不同位置，拥有不同操作系统的计算机互相连接起来，形成一个很大的网络，实现网络资源共享，就必须在通信格式上遵循统一的标准。而OSI（开放系统互联模型）就是为了解决上述问题产生的。

【例5】LAN中文含义是（   ）。

  A. 局域网   B. 城域网   C. 广域网   D. 宽带网

【答案】A

【分析】计算机网络按覆盖地理范围可以分为广域网（Wide Area Network，简称WAN）、局域网（Local Area Network，简称LAN）和介于广域网和局域网之间的城域网（Metropolitan Area Network，简称MAN）。宽带网是一个相对于窄带而言的概念。宽带网，是指高带宽的网络，通常人们把骨干网传输速率在2.5Gbps以上，接入网能够达到1Mbps的网络定义为宽带网。

【例6】目前因特网所采用的主要协议是（   ）。

  A. TCP/IP   B. ISO   C. OSI   D. IPX

【答案】A

【分析】TCP/IP协议是典型的因特网协议，TCP/IP协议自身还含有多个协议。随着计算机网络的发展，它已经成为因特网主要采用的协议。

【例7】ISDN的中文含义是（   ）。

  A. 网络服务提供商   B. 广域网

  C. 信息高速公路   D. 综合业务数字网

【答案】D

【分析】ISDN（Integrated Service Digital Network）综合业务数字网，是常见的广域网技术。因ISDN能在一根普通电话线上提供语音、数据、图像等综合业务，又俗称"一线通"。

【例8】以下IP地址可以作为主机IP地址的是（   ）。

  A. 210.223.198.0   B. 220.193.277.81

  C. 189.210.255.255   D. 109.77.255.255

【答案】D

【分析】IP地址以点分十进制标记法，每个数值小于255，并且要去掉主机地址全部为1和全部为0的特殊IP地址。

【例9】如果IP地址为202.130.191.33，子网掩码为255.255.255.0，那么网络地址是（   ）。

  A. 202.130.0.0   B. 202.0.0.0

  C. 202.130.191.33   D. 202.130.191.0

【答案】D

【分析】在实际使用 IP 地址的过程中，需要将主机号部分再次进行划分，将其划分为子网号和主机号两部分。再次划分后的 IP 地址网络号部分与主机号部分使用子网掩码来区分，对于 IP 地址中的网络号部分子网掩码用 1 表示，对于主机号部分子网掩码使用 0 来表示。所以根据题目中的地址应该为 202.130.191.0。

【例 10】根据域名代码规定，表示教育机构网站的域名代码是＿＿＿＿＿＿。

【答案】.edu

【分析】net 表示主要网络支持中心，com 表示商业组织，edu 表示教育机构，gov 表示政府机关，org 表示其他组织。

3.4　巩固练习

一、填空题

1．Internet 的前身是＿＿＿＿＿＿。

2．学校建立的校园网属于＿＿＿＿＿＿网。

3．网址 http://www.163.com 中，"http" 的含义是＿＿＿＿＿＿协议。

4．用于区分 Internet 上主机的唯一识别是＿＿＿＿＿＿。

5．电子邮件地址一般由＿＿＿＿＿＿和主机域名组成。

6．WWW 的网页文件是用超文本标记语言＿＿＿＿＿＿编写的，并在超文本传输协议 HTTP 支持下运行。

7．由域名到 IP 地址的过程叫＿＿＿＿＿＿。

8．TCP 含义是＿＿＿＿＿＿。

9．专业域名中表示商业机构的是＿＿＿＿＿＿。

10．在当今的国际互联网中，要求上网的计算机均采用＿＿＿＿＿＿协议。

11．不同类型或不同网络操作系统下的网络互联时，所用的网络连接设备是＿＿＿＿＿＿。

12．按网络覆盖的地理范围分类，Internet 应属于＿＿＿＿＿＿。

13．用户在浏览文本信息的同时，随时可以通过单击以醒目方式显示的单词、短语或图形，以跳转到其他信息，这种文本组织方式叫做＿＿＿＿＿＿。

14．如果想要连接到安全的 WWW 站点，应当以＿＿＿＿＿＿开头来书写统一资源定位器。

15．小区宽带一般指的是光纤+＿＿＿＿＿＿的形式。

16．为网络提供共享资源并对其进行管理的计算机称为＿＿＿＿＿＿。

17．开放系统互联参考模型自上而下依次为应用层、表示层、会话层、传送层、网络层、数据链路层和＿＿＿＿＿＿。

18．因特网服务 WWW 是基于＿＿＿＿＿＿协议。

19．将本地的计算机以终端的方式与远程的计算机相连接，使用户可以在自己的计算机上操作远程的计算机系统，共享其中资源的 Internet 服务是＿＿＿＿＿＿。

20．在因特网上专门用于传输文件的协议是＿＿＿＿＿＿。

21．采用 RJ-45 作为连接器件的传输介质是＿＿＿＿＿＿。

22．URL 的中文含义是_____。

23．计算机之间进行通信必须遵守一组共同规则，称作_____，在网络中由一组通信软件完成。

24．在 Internet 中，WWW 的中文名称是_____。

25．任何一个节点发生故障都可导致网络瘫痪的网络拓扑结构是_____拓扑结构。

二、选择题

1．下列 IP 地址中书写正确的是（　　　）。

    A．167*192*0*1   B．315.245.231.0

    C．192.168.1   D．255.255.255.0

2．局部地区通信网络简称为（　　　）。

    A．WAN   B．LAN   C．SAN   D．MAN

3．万维网引进了超文本的概念，超文本指的是（　　　）。

    A．包含多种文本的文本   B．包括图像的文本

    C．包含多种颜色的文本   D．包含链接的文本

4．以下关于电子邮件的描述中，错误的观点是（　　　）。

    A．发送电子邮件时，一次可以发送给多个用户

    B．使用电子邮件系统的用户可以没有 E-mail 地址

    C．发送电子邮件时，不需要对方计算机处于开机状态

    D．回复电子邮件时，接收方即使不了解对方的电子邮件地址也能发回函

5．使用下列哪个命令可以查看 MAC 地址？（　　　）

    A．ping   B．ipconfig/all   C．foemail   D．dir

6．在 IE 浏览器中设置主页的方法是（　　　）。

    A．执行"收藏夹"菜单中的"添加到收藏夹"命令

    B．执行"文件"菜单中的"另存为"命令

    C．执行"Internet 选项"对话框中的 IE 浏览器属性中的"主页"命令

    D．单击"Internet 选项"中的"建立连接"文件

7．在 Internet 网中，下列错误的域名形式是（　　　）。

    A．http://www.sichuan.edu.cn   B．ftp://www.shanye.com.us

    C．www.nxzz.edu.cn   D．mic/sun/net/cn

8．网上购物平台类型很多，淘宝网属于（　　　）。

    A．B2C   B．C2B   C．B2B   D．C2D

9．下面属于下载软件的是（　　　）。

    A．谷歌   B．迅雷   C．酷狗   D．世界窗

10．要接入 Internet，必须安装的网络通信协议是（　　　）。

    A．ATM   B．SPX/IPX   C．TCP/IP   D．NetBEUI

11．以下关于域名的描述，不正确的是（　　　）。

    A．.com 代表商业机构   B．.net 代表网络服务机构

    C．.mil 代表政府部门   D．.edu 代表教育及科研机构

12．FTP 的含义是（　　）。
　　A．邮件接收协议　　　　　　　　　B．超文本传输协议
　　C．文件传输协议　　　　　　　　　D．网络同步协议
13．下列属于 B 类 IP 地址的是（　　）。
　　A．120.2.2.3　　　B．168.192.1.5　　　C．220.2.2.3　　　D．242.2.2.3
14．利用网络交换文字信息的非交互式服务通常称为（　　）。
　　A．E-mail　　　　B．Telent　　　　　C．WWW　　　　D．BBS
15．以下统一资源定位器各部分的名称（从左到右）：
http://home.microsoft.com/main/index.html，解释正确的是（　　）。
①　　　　　②　　　　　　③　　　④
　　A．①主机域名、②服务标志、③目录名、④文件名
　　B．①服务标志、②主机域名、③目录名、④文件名
　　C．①服务标志、②目录名、③主机域名、④文件名
　　D．①目录名、②主机域名、③服务标志、④文件名
16．组建星形以太网不需要的设备是（　　）。
　　A．调制解调器　　B．网卡　　　　　C．双绞线　　　　D．集线器
17．在 Outlook Express 的服务器设置中 POP3 服务器是指（　　）。
　　A．邮件接收服务器　　　　　　　　B．邮件发送服务器
　　C．域名服务器　　　　　　　　　　D．WWW 服务器
18．一个 IP 地址是由网络号和（　　）两部分组成。
　　A．主机地址　　　B．子网地址　　　C．多播地址　　　D．广播地址
19．下面为即时通信工具的是（　　）。
　　A．MSN　　　　　　　　　　　　　B．Outlook Express
　　C．E-mail　　　　　　　　　　　　D．Internet Explorer
20．下列是网络互联设备的是（　　）。
　　A．路由器　　　　B．电话　　　　　C．显卡　　　　　D．声卡
21．CHINANET 是（　　）互联网络的简称。
　　A．中国科技网　　　　　　　　　　B．中国公用计算机互联网
　　C．中国教育和科研计算机网　　　　D．中国公众多媒体通信网
22．用于局域网与广域网互联的网络扩展组件是（　　）。
　　A．交换机　　　　B．网桥　　　　　C．路由器　　　　D．网关
23．以下概念中不具备相同含义的一个是（　　）。
　　A．WWW　　　　B．万维网　　　　C．国际互联网　　D．环球信息网
24．下列四项中表示电子邮件地址的是（　　）。
　　A．ks@183.net　　　　　　　　　　B．192.168.0.1
　　C．www.gov.cn　　　　　　　　　　D．www.cctv.com
25．如果电子邮件到达时用户的计算机没有开机，那么该电子邮件将以（　　）方式进行。
　　A．过一会儿对方重新发送　　　　　B．退回给发信人
　　C．丢失　　　　　　　　　　　　　D．保存在 ISP 的邮件服务器上

26. 由于 IP 地址难以记忆，人们采用域名来表示 Internet 上的主机，域名与 IP 地址的转换是用（　　）协议进行的。

    A. ARP（地址解析协议）　　　　　　B. RARP（反向地址解析协议）

    C. DNS（域名解析）　　　　　　　　D. WINS（Windows Internet 名字解析）

27. 网络中实现远程登录的协议是（　　）。

    A. HTTP　　　　B. POP3　　　　C. FTP　　　　D. TELNET

28. 用 IE 浏览网页时，需要经常访问某一网站（例如新浪），可以收藏该网页，具体操作方法是（　　）。

    A. 执行"收藏→整理收藏夹"菜单命令

    B. 执行"收藏→添加到收藏夹"菜单命令

    C. 执行"查看→添加到收藏夹"菜单命令

    D. 执行"编辑→添加到收藏夹"菜单命令

29. 下列不是收发电子邮件的软件是（　　）。

    A. Outlook Express　　　　　　　　B. FoxPro

    C. Iwps　　　　　　　　　　　　　　D. Foxmail

30. 在局域网中，为网络提供资源并对资源进行管理的计算机称为（　　）。

    A. 服务器　　　　B. 网关　　　　C. 网桥　　　　D. 工作站

31. 电子邮件是使用最广泛的 Internet 服务，下面为正确的电子邮件地址是（　　）。

    A. http://127.110.110.46　　　　　　B. feng&public.soirt.net.cn

    C. east@263.net.cn　　　　　　　　D. wsng.cn.info.net

32. 在一个计算机机房中，多台计算机连在一台交换机上，这种网络拓扑结构属于（　　）。

    A. 线型机构　　　　B. 星形　　　　C. 环型拓扑　　　　D. 网型拓扑

33. （　　）是错误的 IP 地址。

    A. 137.53.0.34　　　　　　　　　　B. 191.122.65.234

    C. 204.17.206.10　　　　　　　　　D. 50.267.45.128

34. Hub 是一种网络设备，它的中文名称是（　　）。

    A. 调制解调器　　B. 路由器　　　　C. 集线器　　　　D. 网桥

35. 以下哪个是正确的电子邮件地址？（　　）

    A. zhang at zzu.edu.cn　　　　　　　B. zhang.zzu.end.cn

    C. zhang@zzu edu cn　　　　　　　D. zhang@zzu.edu.cn

三、判断题

1. 没有主题的邮件不可以发送。　　　　　　　　　　　　　　　　　　（　　）

2. 一旦关闭计算机，别人就不能给你发电子邮件了。　　　　　　　　　（　　）

3. 接入 Internet 使用的网络协议是 TCP/IP。　　　　　　　　　　　　（　　）

4. TCP/IP 协议集中包含 TCP 协议和 IP 协议两个协议。　　　　　　　（　　）

5. 收藏夹中收藏的是网页内容。　　　　　　　　　　　　　　　　　　（　　）

6. 在 IE 浏览器的地址栏中，域名跟 IP 地址可以混用。　　　　　　　（　　）

7．IE 浏览器的临时文件夹位置和容量大小可以自主设置。　　　　　　　（　　）

8．在 IE 浏览器地址栏中输入 URL 可以浏览网页或下载资源。　　　　　（　　）

9．在使用搜索引擎时，多个关键词之间用半角加号和空格效果相同。　（　　）

10．邮箱账号中，可以用下划线但不能使用减号做连字符。　　　　　　（　　）

11．浏览器主页跟网站主页是同一个概念。　　　　　　　　　　　　　（　　）

12．一个网站包含有许多相互关联的网页。　　　　　　　　　　　　　（　　）

13．在 Windows XP 系统中只能使用 IE 浏览器浏览网页。　　　　　　　（　　）

14．在 Internet 中，用户通过 FTP 可以进行远程登录。　　　　　　　　（　　）

15．个人计算机，一旦申请了账号并采用 PPP 拨号方式接入 Internet 后，该机就拥有固定的 IP 地址。　　　　　　　　　　　　　　　　　　　　　　　　　（　　）

四、简答题

1．Internet 主要提供了哪些常用服务？

2．下图是浏览器中的常用工具栏，试写出指定标记的名称。

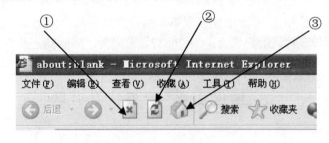

①＿＿＿＿＿＿　②＿＿＿＿＿＿　③＿＿＿＿＿＿

3．计算机网络硬件主要包括什么？其主要作用分别是什么？

4．Internet 常用的接入方法有哪些？

5．说明电子邮件地址的组成。在申请邮箱账号时，构成账号的字符有什么要求？

6．什么是网络硬盘？

7．域名和 IP 地址的关系是什么？

8．简述将百度设为 IE 浏览器主页的步骤。

9．小明要从网上搜索下载歌曲"忐忑"，并保存到 D 盘。请写出相关操作步骤。

10．如何在 Outlook Express 中设置自己的邮件账号？

11．小明欲配置一台个人计算机用于日常的学习及娱乐。

（1）请你帮助他列出配置清单（列举出五个或以上主要硬件设备）。

（2）如果需要上网，请简要说明该如何操作。

（3）小明在家进行远程学习，需要按照学校远程 FTP 服务器（地址：61.82.12.125:21 用户名：classone 密码：user）上的"自学要求.doc"文档来学习，请你帮助他下载该文档，写出相关操作步骤。

3.5 上机练习

操作 1 设置 Internet 属性

【操作目的】

1. 掌握浏览器的使用；
2. 学会设置 Internet 属性。

【操作步骤】

1. 将浏览器的主页设置为网易（http://www.163.com）；
2. 删除 Cookies 和临时文件；
3. 将 Internet 临时文件夹移动到 D 盘的 My Temp 文件夹中，并且使用空间限制为 300MB；
4. 把历史记录保存的天数设为 7 天，并清除历史纪录；
5. 自动完成功能应用于 Web 地址和表单，清除自动完成历史记录；
6. 添加一个宽带连接，用户名为：LA76832，密码为：666888，并设置为从不进行拨号连接。

操作 2 使用搜索引擎

【操作目的】

1. 掌握搜索引擎的使用方法；
2. 学会在网上注册信息；
3. 保存相关资料。

【操作步骤】

1. 进入百度搜索页；
2. 选择合适的关键词（字）搜索有关信息安全的法律法规；
3. 将搜索到的第一个页面添加到收藏夹，并设置允许脱机使用；
4. 将搜索到的第二个页面通过浏览器文件菜单，保存为单一的 Web 文档（*．mht）；
5. 将搜索到的第三个页面通过浏览器文件菜单，保存为文本文件（*．txt）；
6. 将搜索到的第三个页面中的文字通过复制粘贴方式，保存到 Word 文档；
7. 下载关于网络守法的五张宣传图片保存到我的文档里的 my picture 文件夹中；
8. 登录网易，申请一个 126 的邮箱；
9. 登录 Google，搜索人才网，找到前程无忧网站；
10. 找到新会员注册；
11. 查看用户协议和隐私政策；
12. 输入刚申请到的网易邮箱，检测是否已被注册；
13. 设置密码；

14．创建简历；

15．提交简历。

操作 3 使用 QQ 沟通工具

【操作目的】

1．熟练使用 QQ；

2．学会管理 QQ 空间；

3．建立自己的微博。

【操作步骤】

1．从网上下载最新的 QQ 软件。

2．申请 QQ 号，并添加同学为好友。

3．从网上搜索一篇和自己所学专业相关的文章，保存成 Word 文档，并使用 QQ 文件传送功能传送给 QQ 好友。

4．建立一个 QQ 群，将老师、同学的 QQ 账号收集在群中，在群中进行聊天，并将自己喜欢的相片传送给老师或同学欣赏。

5．激活自己的 QQ 空间。

6．上传音乐和图片。

7．使用 QQ 网络硬盘，并存储相关文件和图片。

8．上网查询哪些网站开设微博。

9．试着撰写个人微博。

第 **4** 章

文字处理软件的应用

4.1 学习目标

1. 熟练创建、编辑、保存和打印文档;
2. 会使用不同的视图方式浏览文档;
3. 熟练设置文档的格式;
4. 熟练插入分隔符、页码、符号等;
5. 熟练设置文档的页面格式、页眉和页脚;
6. 会在文档中插入和编辑表格;
7. 会设置表格格式;
8. 理解文本框的作用,会使用文本框;
9. 会在文档中插入并编辑图片、艺术字、剪贴画、图表等;
10. 会对文档中的图、文、表混合排版;
11. 会在文档中插入脚注和尾注、题注、目录等;
12. 会在文档中插入公式、组织结构图等。

4.2 知识要点

一、建立 Word 文档

1. Word 文档的基本操作

主要包括打开 WorD、新建文档、打开文档、保存文档、关闭文档等操作。

2．文本编辑的基本操作

（1）插入字符

把鼠标定位于要插入的位置，输入新内容，如果需要输入特殊符号，可执行菜单"插入"→"符号"命令。

（2）删除字符

将鼠标定位于要删除的位置，然后每按一次 Delete 键删去插入点右边的一个字符，每按一次 BackSpace 键删去插入点左边的一个字符。

若要删除的内容较多，则可选定要删除的文本，然后按 Delete 键，或者是执行"编辑"→"剪切"菜单命令。

（3）复制字符

使用菜单方式复制文字的操作步骤如下：

① 在文档中用鼠标选定要复制的文本；

② 执行"编辑"→"复制"命令；

③ 把光标移到要复制的目标位置，执行"编辑"→"粘贴"菜单命令。

（4）移动字符

使用快捷菜单移动文本的操作步骤如下：

① 在文档中用鼠标选定要移动的文本；

② 右键单击选定的文本，从出现的快捷菜单中执行"剪切"命令；

③ 把光标移到要复制的目标位置，在空白处右击，从出现的快捷菜单中执行"粘贴"命令。

（5）撤消与恢复操作

在误操作后，可以执行"编辑"→"撤消"菜单命令来取消误操作。也可以单击"常用"工具栏中"撤消"按钮旁边的向下箭头，从下拉列表中进行选择。

与撤消相反的操作是恢复，即撤消后的操作可以用恢复还原过来，方法是执行"编辑"→"恢复"菜单命令，或单击"常用"工具栏中"恢复"按钮旁边的向下箭头，从下拉列表中选择要撤消的操作。

（6）查找与替换

Word 提供了强大的查找和替换功能。可以在整个文档中进行查找和替换，也可在指定的范围内替换。

● 　要在文档中找到特定的内容，操作方法是执行"编辑"→"查找"菜单命令。

● 　要在文档中查找并替换文本，操作方法是执行"编辑"→"替换"菜单命令。

（7）视图模式

常见的视图模式有：普通模式、Web 版式模式、页面模式、大纲模式。

（8）工具栏、快捷菜单的使用

工具栏：对 Word 文档进行编辑和设置格式时，还可以使用工具栏进行操作，工具栏的显示可以通过执行"视图"→"工具栏" 菜单命令进行选择。

快捷菜单：对 Word 文档进行编辑和设置时，还可以使用快捷菜单进行操作。操作方法是：先选定要操作的文字或图形，把鼠标移到选定的对象内，当光标变成一个空心的箭头时，右击鼠标，出现快捷菜单。

（9）Office 剪贴板和选择性粘贴

Word 还提供智能化的"Office 剪贴板"和"选择性粘贴"。操作方法是：单击"编辑"→"Office 剪贴板"菜单选项，Word 窗口的右侧就会出现存放在剪贴板上供粘贴的全部内容，单击 "编辑"→"选择性粘贴" 菜单选项，打开"选择性粘贴"对话框。

（10）超链接的设置

在文档中用鼠标选取要设置链接的文本，执行"插入"→"超链接" 菜单命令， 打开"插入超链接"对话框，选择相应链接文件后，单击"确定"按钮。打开超链接文件的方法是按住 Ctrl 键，再单击超链接文本。

3．文档的预览和打印

（1）打印预览

执行"文件"→"打印预览"菜单命令，打开"打印预览"窗口，在窗口的工具栏中可设置单页预览或多页预览、预览显示比例等，单击"关闭"按钮可以返回文档编辑状态。

（2）在打印预览下编辑文档

在打印预览模式下要编辑文档的操作方法是：执行"文件"→"打印预览"菜单命令，单击需要编辑区域中的文字，Word 将放大该区域，单击打印预览工具栏上的放大镜，当鼠标指针从放大镜图标变为 I 型图标时，就可以编辑该文档。

（3）打印文档

当通过打印预览确认编排效果符合要求时，就可以打印文档了。打印文档的操作方法是：执行"文件"→"打印"菜单命令，打开"打印"对话框，选择打印页面范围和打印份数后，按"确定"按钮开始打印。

（4）缩放打印

① 将 Word 文稿中的多页内容，全部打印在一张打印纸上。执行"文件"→"打印"菜单命令，打开"打印"对话框，在对话框右下方"每页的版数"下拉列表中选择，单击"确定"按钮。

② 按纸型缩放。执行"文件"→"打印"菜单命令，打开"打印"对话框，在对话框右下方"按纸型缩放"下拉列表中选择打印纸型，单击"确定"按钮，打印机就能将 Word 文档缩放打印到相应纸型上。

（5）打印到文件

当打印 Word 文档时，执行"文件"→"打印"菜单命令，打开"打印"对话框，选中"打印到文件"选项，单击"确定"按钮，设置 Word 打印文档的保存位置及文件名，文档的内容将输出到一个打印文件中，默认的文件扩展名是".prn"。

二、Word 文档格式设置

1．设置字符格式

（1）字体格式

字体格式包括文本的字体、字号、字形、字符颜色、字间距、文字效果等。设置时可先选定文本，再执行"格式"→"字体"菜单命令，打开"字体"对话框设置，也可应用"格式"工具栏上的按钮进行快速设置。

（2）文本的选定

使用鼠标进行选定：即先将鼠标指针移动到要选取的段落或文本的开头，按住鼠标左键不松，并从左向右、从上向下（反之亦然）地拖动经过要选择的内容。

使用键盘进行选定：Word 提供了使用键盘进行选定操作的快捷键。

（3）文字方向

如果在文档编辑过程中要修改文字的方向，可先选定文本，执行"格式"→"文字方向"菜单命令，打开"文字方向"对话框，根据情况对文字方向进行设置。

2. 设置段落格式

（1）段落格式

段落格式包括对齐方式、缩进、行间距、段间距等，设置时可将光标放在要设置的段落上，再执行"格式"→"段落"菜单命令，打开"段落"对话框进行设置，也可应用"格式"工具栏上的按钮进行快速设置。

（2）添加项目符号和编号

在段落中可以添加项目符号和编号，设置方法是把光标放在要设置的段落上，执行"格式"→"项目符号和编号"菜单命令。

3. 格式刷的使用

对于段落，先将光标停在源段落，单击格式刷按钮；对于文字，先将源文字选定，然后单击格式刷按钮，但这样每次只能刷一次，若在双击"格式刷"按钮，使其处于被按下的状态，则可以连刷若干次，要取消格式光标时，只需按 Esc 键或再次单击"格式刷"按钮。

4. 使用样式

用户要一次改变使用某个样式的所有文字的格式时，只需修改该样式即可。操作方法：执行"格式"→"样式和格式"菜单命令，可以打开"样式和格式"对话框，可以在该样式列表框中选择。

三、文档页面设置

1. 页面设置

文档的页面设置包括页边距、纸张大小、版式、文档网络等，设置时可执行"文件"→"页面设置"菜单命令，打开"页面设置"对话框进行设置。

2. 分栏设置

Word 中可以方便地设置分栏效果，选择要分栏的文字，执行"格式"→"分栏"菜单命令，设置栏数、宽度和间距等。

3. 页眉和页脚的设置

（1）设置页眉页脚

Word 中可以方便地设置页眉和页脚，操作方法是执行"视图"→"页眉和页脚"菜单命令，进行页眉设置后，再进行页脚设置。

（2）插入分节符、页码

分节符、页码的插入方法是执行"插入"→"分隔符"菜单命令。

4．边框和底纹的设置

Word 中可以对文字、段落进行边框和底纹的设置，也可以设置页面边框，设置时可先选定文字或段落，再执行"格式"→"边框和底纹"菜单命令，打开"边框和底纹"对话框设置。

5．首字下沉

把光标定位到要设置首字下沉的段落上，执行"格式"→"首字下沉"菜单命令，出现"首字下沉"对话框，设置"下沉"方式、字体、下沉行数、距正文等，单击"确定"按钮。

6．插入分节符

分节符可以把文档分成不同的节，每个节可以进行不同的设置。其操作方法是：执行"插入"→"分隔符"菜单命令，打开"分隔符"对话框，选定分节符类型后，单击"确定"按钮。

7．插入页码

在文档页面中插入页码可使文档顺序清楚，提高文档编辑速度。操作方法是：执行"插入"→"页码"菜单命令，打开"页码"对话框，即可插入页码。

8．字数统计

选择要统计的文本，执行"工具"→"字数统计"菜单命令，就会将统计信息显示。

9．修订

利用 Word 的"修订"功能，使用者可以在 Word 中对文档进行批改。

四、Word 表格操作

1．插入表格

将光标定位到表格的起始位置，再执行"表格"→"插入"→"表格"菜单命令，打开"插入表格"对话框，设置表格的列数、行数，单击"确定"按钮。

用"常用工具栏"中的"插入表格"按钮可以快速创建简单表格。

2．表格的编辑

（1）改变单元格行高、列宽

选定表格的行或列，执行"表格"→"表格属性"菜单命令，出现"表格属性"对话框，选择"行"或"列"选项卡，设置高度或宽度，单击"确定"按钮。

（2）单元格的合并与拆分

选定要合并的单元格，执行"表格"→"合并单元格"菜单命令；

将光标放在要拆分的单元格里，执行"表格"→"拆分单元格"菜单命令，出现拆分单元格对话框，输入要拆分的行数和列数，单击"确定"按钮。

（3）插入、删除行和列

插入行、列，将光标放在某单元格中，执行"表格"→"插入"菜单命令，选择其中选项。

删除行、列，将光标放在要删除的行或列上，执行"表格"→"删除"菜单命令，选择其中的"行"或"列"。

（4）表格的对齐方式

将光标放在表格内，执行"表格"→"表格属性"菜单命令，选择"表格"选项卡，选择其中的选项。

（5）单元格的插入与删除

插入单元格：将光标放在要插入单元格的左边或右边的单元格内，执行"表格"→"插入"→"单元格"菜单命令，选择一种插入方式，单击"确定"按钮。

删除单元格：将光标放在要删除单元格的左边或右边的单元格内，执行"表格"→"删除"→"单元格"菜单命令，选择一种删除方式，单击"确定"按钮。

（6）表格的删除

要删除整个表格，操作方法是将光标放在表格的任意单元格内或选中整个表格，执行"表格"→"删除"→"表格"菜单命令；或单击"常用"工具栏中的"剪切"按钮。

（7）手动绘制表格线

在 Word 的表格制作中，可以用绘制表格笔来画表格线。操作方法是执行"表格"→"绘制表格"菜单命令，打开"表格和边框"工具栏，鼠标指针变为"笔"的形状，然后根据需要绘制表格。

3．表格格式的设置

（1）设置表格文本的字体、字形、字号、字符缩放等格式。

选定文本，执行"格式"→"字体"菜单命令，可设置字体、字形、字号、字符缩放，单击"确定"按钮。

（2）设置文本对齐格式

水平对齐：选定单元格，单击格式工具栏中的两端对齐、居中对齐、右对齐按钮等。

垂直对齐：选中单元格，执行"表格"→"表格属性" →"单元格"选项卡，选择垂直对齐方式中的顶端对齐、居中、底端对齐等。

（3）设置表格边框、底纹

选择需要设置的表格，执行"格式"→"边框与底纹"菜单命令，打开"边框和底纹"对话框，在"边框"选项卡中可对表格的边框进行相应设置；在"底纹"选项卡中，对表格的底纹进行相应设置。

（4）表格自动套用格式

选定表格，执行"表格"→"表格自动套用格式"菜单命令，打开"表格自动套用格式"对话框，选定一种样式，单击"应用"按钮，表格就换成新的样式。

4. 表格内数据的计算排序

（1）公式计算

将光标放至需要计算的单元格内，执行"表格"→"公式"菜单命令，出现"公式"对话框，在"公式"文本框中输入公式，或从"粘贴函数"框中选择，单击"确定"按钮。

求和函数 SUM（），求平均函数 AVERAGE（），参数 LEFT 表示对当前单元格左边的所有单元格操作，参数 ABOVE 表示对当前单元上面的所有单元格操作。

（2）表格中数据排序

执行"表格"→"排序"菜单命令，打开"排序"对话框，选择排序的关键字，类型及排序方式。

5. 文字与表格的相互转换

将表格转换为文字：选中表格，执行"表格"→"转换"→"将表格转换成文字"菜单命令，打开"表格转换成文本"对话框，选择"文字分割符"，单击"确定"按钮。

将文字转换为表格：要保证转换为表格的各列内容间有且只有一个分割符，分割符可以是段落、逗号、制表符、空格或其他自选的半角英文符号，每行文本左边紧靠左边界，以回车键结束。然后选择文本，执行"表格"→"转换"→"将文本转换成表格"命令，打开"文本转换成表格"对话框，选择对应的分割符，再输入生成的表格的列数，单击"确定"按钮。

6. 在 Word 中插入 Excel 表格

常用的操作方法是先使用 Excel 计算数据，再选中表格中的数据区域，单击"复制"按钮，切换到 Word 文档，单击"粘贴"按钮，一个 Excel 表格就插入 Word 文档中。

五、Word 图文混排

1. 插入艺术字

（1）把光标定位到要插入"艺术字"的位置，执行"插入"→"图片"→"艺术字"菜单命令，出现"'艺术字'库"对话框，选择一种式样，确认后又会出现"编辑'艺术字'文字"对话框，键入文本内容，设置好后，单击"确定"按钮。

（2）设置艺术字的效果：选中艺术字，单击鼠标右键，选择快捷菜单中的"设置艺术字格式"命令，出现"设置艺术字格式"对话框，设置相应栏目。

2. 插入图片及自选图形

（1）插入图片

插入剪贴画：执行"插入"→"图片"→"剪贴画"菜单命令，在 Word 窗口右侧打开"插入剪贴画"任务窗格，找到相应图片单击即可插入。

插入来自文件的图片：执行"插入"→"图片"→"来自文件"菜单命令，出现"插入图片"对话框，选择图片存放的位置及文件名，单击"插入"按钮。

图片格式设置：选中图片，单击鼠标右键，并选择快捷菜单中的"设置图片格式"选项，出现"设置图片格式"对话框，设置相应项目后单击"确定"按钮。

（2）插入自选图形

插入：可单击窗口下方"绘图"工具栏中的"自选图形"按钮，选择相应形状，鼠标变成"十"字形时，在文档要绘制自选图形的位置按住鼠标左键，拖动画出自选图形。

插入文字：选定自选图形，单击鼠标右键，并选择快捷菜单中的"添加文字"选项，在图形中添加文字。

设置线条颜色和填充色：选定自选图形，单击鼠标右键，并选择快捷菜单中的"设置自选图形格式"选项，出现"设置自选图形格式"对话框，设置后单击"确定"按钮。

3．插入文本框

（1）插入文本框：单击 "插入"→"文本框"菜单选项，选择"横排"和"竖排"，在"画布"上拖动鼠标，出现一个空白的文本框。单击文本框内部，输入文字。

（2）设置文本框：选定文本框，把光标移到文本框内，当鼠标形状变为"十"字箭头时，单击鼠标右键，从快捷菜单中选择"设置文本框格式"命令，出现"设置文本框格式"对话框，设置后单击"确定"按钮。

4．插入图表

（1）直接插入：执行"插入"→"图片"→"图表" 菜单命令，系统默认图表和与之对应的数据表就会出现在页面中。

（2）表格插入：将文档中的表格选中，然后执行"插入"→"图片"→"图表"命令，一个系统默认样式并带有表格数据的图表就会自动插入文档。

5．图片的裁剪

选定要裁剪的图片，单击"图片"工具栏的"裁剪"按钮，移动光标到要裁剪部分的控制点，光标形状变成"┣"形状，这时拖动鼠标，就能把图片的一部分裁剪掉。

6．插入对象的大小调整和移动位置

（1）大小调整

单击插入的对象，四周会出现 8 个小方块（称为控制点），这表示此对象已经被选定，把鼠标指针放置在控制点上，这时鼠标指针形状变成双箭头形，此时拖动控制点可修改艺术字或图片的大小。

（2）对象的移动

把鼠标指针放置在对象内部，鼠标指针形状变成双十字箭头形，用鼠标拖动的方法，或直接使用键盘上的上、下、左、右键来操作，均可移动对象；另外，Ctrl 键和上、下、左、右键配合使用，可以精确地调整对象的位置；按住 Shift 键用鼠标移动对象时，可使对象按垂直或水平方向移动。

7．环绕方式

插入的艺术字或图形，与文档中其他文字或图形的位置关系，称为"版式"或"环绕方式"，常用的环绕方式有："嵌入型"、"四周型环绕"、"紧密型环绕"、"衬于文字下方"、"浮于文字上方"。不同的环绕方式可以通过"艺术字"或"图片"工具栏设置。

8. 设置阴影和三维效果

阴影效果：单击"绘图"工具栏中的"阴影样式"按钮，出现"阴影"下拉列表，选择合适的阴影样式。

设置三维效果：单击"绘图"工具栏中的"三维效果样式"按钮，出现"三维效果"下拉列表，选择合适的三维效果样式。

9. 合并文档

打开第一页对应的文档文件，执行"插入"→"文件"菜单命令，在打开的窗口中定位到保存文档的文件夹，然后按下 Ctrl 键的同时用鼠标选中所有的文档，最后单击"插入"按钮即可。

10. 在文档中插入脚注、题注、目录

执行"插入"→"引用"菜单命令，打开下拉菜单，选择的"脚注和尾注"、"题注"、"索引和目录"即可以插入相应项目。

11. 插入公式

执行"插入"→"对象"菜单命令，打开"对象"对话框选择"Microsoft 公式 3.0"，单击"确定"按钮，出现"公式"工具栏，就可以输入、编辑公式。

12. 插入组织结构图

执行"插入"→"图片"→"组织结构图"菜单命令，会在文档中插入一个二个层次的基本结构图，在插入组织结构图的同时，将自动显示"组织结构图"工具栏，利用它可进行相应操作。

13. 使用邮件合并功能

执行"视图"→"工具栏"→"邮件合并"菜单命令，打开"邮件合并"工具栏，依次进行确定文档类型、选择数据源、确定收件人、插入域、合并到新文档等操作，即可实现邮件合并功能。

4.3 例题解析

【例 1】Word 中，使用"窗口"菜单的_____命令或使用垂直滚动条顶部的分割条可以完成窗口的拆分。

【答案】拆分。

【分析】拆分窗口有三种方法。

方法 1：执行"窗口"→"拆分窗口"菜单命令，此时窗口中间出现一条横贯工作区的灰色粗线，直接移动鼠标(不要按键)，可以移动其位置，将之拖动到合适位置，单击左键，原窗口即被拆分成了两个；

方法 2：垂直滚动条的最上面有一个"窗口拆分标志(拆分条)"，用鼠标左键向下可以拖

出一条灰色粗线，松开左键即可拆分窗口；

方法3：双击拆分条。

【例2】Word 中，"格式"菜单中_____命令是确定文档中字符的格式。

【答案】字体。

【分析】在 Word 调置字体主要有两种方法：一种是使用"格式"菜单中的"字体"命令；另一种是使用格式工具栏中的工具。

【例3】在 Word 的打印预览中已认定了效果，便可直接单击打印预览窗口内工具栏上的_____按钮对整个文档进行打印。

【答案】打印。

【分析】Word 文档最普遍的方式是把文件打印出来，以书面形式分发。在打印文档前，用户可以在预览窗口中查看打印的效果，并做出相应的修改，然后进行打印。

【例4】在 Word 编辑状态下，当前对齐方式是左对齐，如果连续两次单击格式工具栏中的 ▤ 按钮，得到的对齐方式应该是_____。

【答案】两端对齐。

【分析】单击一次变成居中，再单击一次就返回到两端对齐。

【例5】在 Word 的表格中，保存有不同部门的人员数据，现需要把全体人员按部门分类集中，在"表格"菜单中，对部门名称使用_____命令可以实现。

【答案】排序。

【分析】当我们在表格中处理的数据需要排序时，就用到 Word 已提供的表格中数据的排序功能。

【例6】在 Word 中，_____的作用是决定在屏幕上显示文本内容。

    A．滚动条   B．控制框   C．标尺   D．最大化按钮

【答案】A。

【分析】滚动条可以调节屏幕上显示文本的内容。

【例7】要在 Word 中建一个表格式履历表，简单的方法是_____。

    A．用插入表格的方法

    B．在新建中选择具有履历表格式的空文档

    C．用绘图工具进行绘制

    D．在"表格"菜单中选择表格自动套用格式

【答案】B。

【分析】用 Word 编排文档时，用户时时刻刻都在使用模板，模板是一类特殊的文档，它可以提供完成最终文档所需要的基本工具。使用模板可以快速生成所需要文档的大致框架。在 Word 中，每一个文档都是在模板的基础上建立的。Word 默认使用的模板是 Normal 模板。

【例8】在 Word 中，如果插入的表格其内外框线是虚线，要想将框线变成实线，在_____中实现（假设光标在表格中）。

    A．在菜单"表格"的"虚线"   B．在菜单"格式"的"边框和底纹"

    C．在菜单"表格"的"选中表格"   D．在菜单"格式"的"制表位"

【答案】B。

【分析】选中表格，执行"格式"→"边框和底纹"菜单命令，分别设置线型、颜色、宽度，注意右下角的"应用于"组合框，选定你的设置是针对谁的，最后单击"确定"按钮。

【例9】在 Word 中，保存一个新建的文件后，要想此文件不被他人查看，可以在保存的"选项"中设置_____。

    A. 修改权限口令   B. 建议以只读方式打开
    C. 打开权限口令   D. 快速保存

【答案】C。

【分析】为了防范被破解，在设置密码的时候请使用由大写字母、小写字母、数字和符号组合而成的强密码。而弱密码可以不混合使用这些元素。例如，h8kjhu8!h7 是强密码；House27 是弱密码。密码长度应大于或等于 8 个字符。最好使用包括 14 个或更多字符的密码。

【例10】在 Word 文档中加入复杂的数学公式，执行_____命令。

    A. "插入"菜单中的对象   B. "插入"菜单中的数字
    C. "表格"菜单中的公式   D. "格式"菜单中的样式

【答案】A。

【分析】在"插入"菜单中的对象中，有一个公式命令，可以提供复杂的数学公式。

【例11】在 Word 中，如想一边输入一边覆盖原来内容，可使用键盘的 Insert 键设置插入方式。（   ）

【答案】错误。

【分析】应该设置为改写状态。

【例12】在 Word 的普通视图方式下，用户看不见已编辑文档的分页情况。（   ）

【答案】错误。

【分析】可以看到，在文档中有一条虚线。

【例13】Word 对文档采取保护时，密码设置生效后，无法对其进行修改。（   ）

【答案】错误。

【分析】可以使用"工具"菜单中的"选项"命令，然后选择安全性选项卡，修改密码。

【例14】对 Word 的文档可以设置密码，密码只能由字母组成，最多不超过 15 个字母。（   ）

【答案】错误。

【分析】密码可包含字母、数字、空格和符号的任意组合，并且最长可以为 15 个字符。如果选择了高级的加密选项，您甚至可以使用更长的密码。

4.4 巩固练习

一、填空题

1. Word 提供了五种视图方式，在_____方式下可以显示水平标尺和垂直标尺。
2. 显示或隐藏工具栏应使用_____菜单。

3．双击 Word 主窗口的控制按钮，则＿＿＿＿＿。

4．若想输入特殊的符号时，应当使用插入菜单中的＿＿＿＿＿命令。

5．在 Word 中要设置表格线的粗细，可使用"格式"菜单中的＿＿＿＿＿选项。

6．在 Word 的编辑状态，若要对当前文档设定段前间距，应使用格式菜单中的＿＿＿＿＿＿＿＿命令。

7．在 Word 的编辑状态中，使插入点快速移动到文档尾部的组合键是＿＿＿＿＿。

8．查找和替换操作总是从＿＿＿＿＿位置开始进行。

9．在 Word 中，利用"插入"菜单中的＿＿＿＿＿命令，可以建立组织结构图。

10．在 Word 中选定矩形区域文本时，按住＿＿＿＿＿键不放的同时按住鼠标左键搬运或拖动。

11．在 Word 中，可以通过"文件"菜单中的＿＿＿＿＿选项来设置文档的页边距。

12．在 Word 中，可以进行"拼写和语法检查"的选项在＿＿＿＿＿下拉菜单中。

13．在 Word 2003 中，用户设置页眉和页脚在＿＿＿＿＿视图下和打印预览下才能看到。

14．在 Word 2003 中，除了使用"插入"菜单外，还可以利用＿＿＿＿＿工具栏的按钮插入文本框。

15．只打印 Word 2000 文档中第 1、3 和 5～10 页的内容，应输入的打印的页面范围是＿＿＿＿＿。

16．要在同一个 Word 文档中进行不同的页面设置，必须要先进行＿＿＿＿＿操作。

17．使用 Word 建立文档所依靠的模板是＿＿＿＿＿。

18．在 Word 中，可以为奇数页和偶数页分别设置不同的页眉页脚，这种功能是通过在＿＿＿＿＿对话框中设定而实现的。

19．在 Word 中，"编辑"菜单中的"全选"菜单项对应的组合键是＿＿＿＿＿。

20．如果现在打开一个 C 盘中的文档，经过编辑后欲将其保存到 D 盘，应打开＿＿＿＿＿对话框。

21．文档共 10 页，奇偶页页眉不同，一共需要输入＿＿＿＿＿次页眉内容。

22．在 Word 中，不打印却想查看要打印的文件是否符合要求，可单击＿＿＿＿＿。

23．双击 Word 文档中的图片，会启动 ＿＿＿＿＿对话框。

24．在 Word 中，要删除分节符，须在＿＿＿＿＿视图中进行。

25．在 Word 中，是把艺术字视为＿＿＿＿＿对象来处理的。

26．当想在某台打印机上打印 Word 文档，而这台打印机又没有连在正使用的计算机上时，可以先将文档打印到＿＿＿＿＿中。

27．若要在打印预览时对文档进行编辑操作，可以单击打印预览工具栏中的＿＿＿＿＿按钮。

28．若在 Word 文档中的当前位置插入一个分页符，应选择"插入"菜单中的＿＿＿＿＿命令。

29．在 Word 的编辑状态，要取消 Word 主窗口显示的工具栏，应使用＿＿＿＿＿菜单的命令。

30．在 Word 下，将文档中的某段文字误删除之后，可用工具栏上的＿＿＿＿＿按钮恢复到删除前的状态。

二、选择题

1. 下列能显示页眉和页脚的视图方式是（   ）。
    A．普通视图   B．页面视图   C．大纲视图   D．Web 版式视图
2. Word 程序允许打开多个文档，用（   ）菜单可以实现各文档窗口之间的切换。
    A．编辑   B．窗口   C．视图   D．工具
3. 要把插入点光标快速移到 Word 文档的头部，应按组合键（   ）。
    A．Ctrl+PageUp   B．Ctrl+↓   C．Ctrl+Home   D．Ctrl+End
4. 用 Word 编辑文档，将某行文字设为四号楷体，然后接着在本行中间插入新的文字，则新输入的文字的字号和字体分别是（   ）。
    A．四号楷体   B．五号楷体   C．五号宋体   D．不能确定
5. Word 中文字段落的结束标记是在键入（   ）后产生。
    A．空格键   B．Enter 键
    C．Shift+Enter 组合键   D．分页符
6. 在 Word 文档窗口中进行文档编辑时，为了使被编辑文档不至于因为意外事故使编辑作废，系统设置了一个"自动保存文档"的功能，其中的"自动保存时间间隔"系统默认值是（   ）分钟。
    A．2   B．5   C．10   D．20
7. Word 中，"常用"工具栏上的"格式刷"按钮有很强的排版功能，为多次复制同一格式，选用时应（   ）。
    A．在"工具"菜单的"选项"命令中定义
    B．双击"格式刷"按钮
    C．单击"格式刷"按钮
    D．在"格式"菜单中定义
8. 在 Word 中，如果文档中两个段落之间要留有较大间隔，应（   ）。
    A．在两行之间用按回车键的办法添加空行
    B．在两段之间用按 Crtl+回车键的办法添加空行
    C．用段落格式设定来增加段间距
    D．用字符格式设定来增加段间距
9. 在 Word 中，对于插入文档中的图片不能进行的操作是（   ）。
    A．改变大小   B．移动
    C．修改图片中的图形   D．剪裁
10. 在 Word 中编辑文档时，若不小心做了误删除操作，可用（   ）恢复删除的内容。
    A．"粘贴"按钮   B．"撤消"按钮
    C．"重复"按钮   D．"复制"按钮
11. 在 Word 文档中，如果要将文档换行而不分段,可以插入软回车,其操作方法是(   )。
    A．按 Ctrl+Enter 组合键   B．按 Shift+Enter 组合键
    C．按住 Shift 键单击鼠标左键   D．按 Alt+Enter 组合键
12. 选定文本后，（   ）拖动鼠标到需要处即可实现选定文本的移动。

A．按住 Ctrl 键   B．无须按键

C．按住 Ctrl+Alt 组合键   D．按住 Alt 键

13．选定文本块后，（　　）拖曳鼠标到需要处即可实现文本块的复制。

    A．按住 Ctrl 键   B．无需按键

    C．按住 Shift 键   D．按住 Tab 键

14．在 Word 文档中包含图形时，这些图形必须在（　　）方式下才能显示出来。

    A．大纲视图和页面视图   B．页面视图和 Web 版式视图

    C．普通视图和页面视图   D．普通视图和 Web 版式视图

15．下列关于"格式刷"的说法，正确的是（　　）。

    A．　按钮可以用来复制字符和段落格式

    B．选定格式复制到不同位置的方法是单击　按钮

    C．双击　按钮只能将选定格式复制到一个位置

    D．　按钮无任何作用

16．Word 中，删除单元格，正确的操作是（　　）。

    A．选定要删除的单元格，按下 Delete 键

    B．选定要删除的单元格，执行【编辑】菜单"清除"子菜单中的"内容"命令

    C．选定要删除的单元格，按下组合键 Shift+Delete

    D．选定要删除的单元格，右击，从弹出的快捷菜单中执行"删除单元格"命令

17．Word 窗口水平滚动条左侧有 5 个显示方式切换按钮，分别是"普通视图"、"Web 版式视图"、"页面视图"、"大纲视图"和（　　）。

    A．全屏显示视图   B．主控文档

    C．阅读版式视图   D．其他视图

18．在 Word 中，不能对图片进行（　　）操作。

    A．旋转   B．添加文字   C．调整大小   D．移动

19．在 Word 中，若要插入数学公式，应选择"插入"菜单中的（　　）选项。

    A．域   B．Microsoft 公式 3.0

    C．特殊符号   D．对象

20．在 Word 中，用户可以使用（　　）很直观地改变段落缩进、调整左右边界和改变表格的列宽。

    A．工具栏   B．状态栏   C．标尺   D．滚动条

21．在 Word 的编辑状态，打开文档 ABC，修改后另存为 ABD，则文档 ABC（　　）。

    A．被文档 ABD 覆盖   B．被修改未关闭

    C．被修改并关闭   D．未修改被关闭

22．在 Word 中，如果想为文档插入页眉/页脚，则选择下列哪个菜单？（　　）

    A．文件   B．编辑   C．格式   D．视图

23．在 Word 中，下列（　　）选项实际上应该在文档的编辑、排版和打印等操作之前进行，因为它对许多操作都会产生影响。

    A．字体设置   B．页面设置   C．打印预览   D．页码设定

24．在 Word 编辑状态下，若鼠标在某行行首的左边箭头向右指，下列操作可以仅选择

光标所在的行（　　）。

    A．双击鼠标左键　　　　　　　　　　B．单击鼠标右键

    C．将鼠标左键连击三下　　　　　　　D．单击鼠标左键

25．在 Word 表格里编辑文本时，选择一整行或一整列后，（　　）就能删除此行或列。

    A．按空格键　　　　　　　　　　　　B．按 Ctrl+Tab 组合键

    C．按下 Backspace 键　　　　　　　　D．按 Delete 键

26．Word 设置每行字数在页面设置的（　　）选项卡。

    A．文档网格　　　B．页边距　　　　C．版式　　　　　　D．纸张

27．Word 页眉页脚在（　　）视图下可见。

    A．大纲　　　　　B．Web 版式　　　C．普通　　　　　　D．页面

28．把单词 cta 改成 cat，再把 teh 改成 the 后，单击"撤消上一次"按钮会显示（　　）。

    A．cta　　　　　　B．cat　　　　　C．teh　　　　　　D．the

29．Word 设置文字排列方向为垂直的在（　　）选项卡。

    A．文档网格　　　B．页边距　　　　C．版式　　　　　　D．纸张

30．在 Word 编辑状态下，若要进行字体的设置，首先应打开（　　）下拉菜单。

    A．"编辑"　　　　B．"视图"　　　　C．"格式"　　　　　D．"工具"

31．在 Word 2003 中，若要将选定的多个连续单元格变成一个单元格，可以选择"表格"菜单中的（　　）选项。

    A．绘制表格　　　B．拆分单元格　　　C．删除单元格　　　　D．合并单元格

32．在 Word 2003 中，将另一个 Word 文档插入到当前 Word 文档中的方法是（　　）。

    A．"插入"→"文件"　　　　　　　　B．"文件"→"另存为"

    C．"插入"→"文档"　　　　　　　　D．"插入"→"对象"

33．在 Word 2003 中，默认情况下，插入到 Word 文档中的图片的环绕方法是（　　）。

    A．四周型　　　　B．紧密型　　　　C．嵌入型　　　　　D．上下型

34．欲另起一行输入文章，但又不想在新行中延续段落的编号或项目符号，此时正确的操作为：将插入点移到行尾，并按（　　）组合键。

    A．Ctrl+回车　　　B．Shift+回车　　　C．Alt+回车　　　　D．Esc+回车

35．在 Word 中，关于选定整个文档的操作，错误的是（　　）。

    A．按 Ctrl+A 组合键

    B．将鼠标指针指向页面左边界处，按住 Ctrl 键再单击鼠标左键

    C．将鼠标指针指向页面左边界处，连续三击鼠标左键

    D．将鼠标指针指向文档中任一外，连续三击鼠标左键

36．在 Word 中，下面叙述正确的是（　　）。

    A．剪切板中的内容只能粘贴一次

    B．剪贴板中可以保存最近 1 次复制或剪切的信息

    C．剪贴板中的信息在关机后将不会丢失

    D．剪贴板只能存放文字信息而不能存放图片

37．要想自动生成目录，一般应在文档中包含（　　）样式。

    A．表格　　　　　B．标题　　　　　C．页眉页脚　　　　D．批注

38．在 Word 中制作表格时，如果仅改变相邻两列的列宽，在表格的总宽度不改变的情况下，应该在用鼠标拖动间隔线的同进按住（　　）键。

    A．Shift　　　　　　B．Ctrl　　　　　　C．Alt　　　　　　D．不按任何键

39．在 Word 中，删除表格线的正确的方法是（　　）。

    A．选择"格式"菜单中的"边框和底纹"选项

    B．选择"表格"菜单中的"删除单元格"选项

    C．使用剪切板的剪切操作

    D．使用 Delete 键

40．在 Word 中，下面不可以使用"表格"菜单中提供的对表格进行编辑和选项实现的操作是（　　）。

    A．合并单元格　　B．拆分单元格　　　　C．合并表格　　　　D．拆分表格

41．Word 中，如果选定的文本块中含有多种字号的文字，那么在格式工具栏的"字体大小"列表框中将显示（　　）。

    A．文本块中第一个文字的字号　　　　B．空白

    C．文本块中最大的字号　　　　　　　D．文本块中最小的字号

42．在 Word 中，下列关于"页码"的叙述，正确的是（　　）。

    A．不允许使用非阿拉伯数字形式的页码

    B．文档第一页的页码必须是 1

    C．可以在文本编辑区中的任何位置插入页码

    D．页码是页眉或页脚的一部分

43．在 Word 中，保存一个新建的文件后，要想此文件不被他人查看，可以在保存的"选项"中设置（　　）。

    A．打开权限口令　　　　　　　　　　B．建议以只读方式打开

    C．修改权限口令　　　　　　　　　　D．快速保存

44．若想在屏幕上显示常用工具栏，应当使用（　　）。

    A．"工具"菜单中的命令　　　　　　B．"视图"菜单中的命令

    C．"插入"菜单中的命令　　　　　　D．"格式"菜单中的命令

45．下面关于 Word 中合并与拆分表格的叙述，正确的是（　　）。

    A．表格可以按行拆分，不可按列拆分

    B．表格可以按列拆分，不可按行拆分

    C．既可将表格按行拆分成上下两个表格，也可按列拆分成左右两个表格

    D．拆分表格应选择"表格"菜单中的"拆分表格"，合并表格选择"表格"菜单中的"合并表格"

46．下面选项中，不能在 Word 中创建表格的是（　　）。

    A．使用"插入表格"工具按钮

    B．使用"插入"菜单中的"表格"选项

    C．使用"表格"菜单中的"插入表格"选项

    D．使用"绘制表格"工具

47．在 Word 中，下述关于分栏操作的说法，正确的是（　　）。

A．可以将指定的段落分成指定宽度的两栏

B．任何视图下均可看到分栏效果

C．设置的各栏宽度和间距与页面宽度无关

D．栏与栏之间不可以设置分隔线

48．在 Word 的编辑状态，选择了文档全文，若在"段落"对话框中设置行距为 20 磅的格式，应当选择"行距"列表框中的（　　　）。

A．单倍行距　　　B．1.5 倍行距　　　C．固定值　　　D．多倍行距

49．在 Word 编辑状态，要在文档中添加符号"△"，应当使用（　　　）菜单中的命令。

A．"文件"　　　B．"编辑"　　　C．"格式"　　　D．"插入"

50．下列关于 Word 文档中"节"的叙述，不正确的是（　　　）。

A．整个文档可以是一个节，也可以将文档分成几个节

B．分节符由两条点线组成，点线中间有"节的结尾"4 个字

C．分节符只能在普通视图中看见

D．每一节可采用不同的格式排版

三、判断题

1．打印预览窗口只能显示文档的打印效果，不能进行文档编辑操作。　　　（　　）

2．文档设置了分栏后，各栏栏宽必须相等。　　　（　　）

3．在 Word 中，使用"查找"命令查找的内容，可以是文本和格式，也可以是它们的任意组合。　　　（　　）

4．删除选定的文本内容时，Delete 键和退格键的功能相同。　　　（　　）

5．Word 中的"样式"，实际上是一系列预置的排版命令，使用样式的目的是为了确保所编辑的文稿格式编排具有一致性。　　　（　　）

6．Word 2003 文档可以保存为"纯文本"类型。　　　（　　）

7．在 Word 2003 中隐藏的文字，屏幕中仍然可以显示，但打印时不输出。　　　（　　）

8．使用中文 Word 编辑文档时，要显示页眉页脚内容，应采用普通视图方式。　　（　　）

9．中文 Word 提供了强大的数据保护功能，即使用户在操作中连续出现多次误删除，也可以通过"撤消"功能，全部予以恢复。　　　（　　）

10．删除表格中的行，可先选定要删除的行，然后按 Backspace 或 Delete 键。　　（　　）

11．复制格式设置的快速方法是使用常用工具栏中的"格式刷"按钮。　　　（　　）

12．不同的计算机可供选择的字体都是一样的。　　　（　　）

13．Word 插入的表格只具有排版功能，不具备求和、求平均数等计算功能。　　（　　）

14．在 Word 中，"先选定，后操作"是进行编辑的基本规则。　　　（　　）

15．Word 在编辑文件时有"自动保存文件"的功能。　　　（　　）

16．Word 中的文字和图片可以重叠排版。　　　（　　）

17．Word 版面中的任何一行文字，基线都是在同一水平线上。　　　（　　）

18．中文 Word 的文本框中不但可以为文本，也可以为图形内容。　　　（　　）

19．在中文 Word 系统文档中不但可以插入图形，还可插入声音。　　　（　　）

20．选择页眉与页脚工具栏中"与上一节相同"按钮可以实现各节之间有相同的页眉与

页脚。 （　　）

21．在 Word 编辑时，文档输入满一行则应按 Enter 键开始下一行。 （　　）

22．在 Word 的"预览"窗口中，当"放大镜"恢复原状时，用户可对文档进行编辑。

（　　）

23．双击 Word 文档窗口滚动条上的拆分块，可以将窗口一分为二或合二为一。 （　　）

24．在 Word 的表格处理时，"表格"菜单中有"绘制斜线表头"命令可供选择。 （　　）

25．Word 中的表格内容只能是左对齐或右对齐。 （　　）

26．使字符间距扩大的方法是在字符之间添加空格。 （　　）

27．在 Word 中，编辑原有文件后单击"常用"工具栏上的"保存"按钮，则文件保存在原来位置。 （　　）

28．使用 Word 工具栏中的"撤消"按钮，只能撤消最近一次执行过的命令。 （　　）

29．在 Word 中，当文档不能在一屏中显示其内容时，用户就无法同时看到文头和文尾。

（　　）

30．Word 的打印预览只能显示文档的当前页。 （　　）

31．删除 Word 表格的方法是将整个表选定，然后按 Delete 键。 （　　）

32．Word 允许同时打开多个文档，但只能有一个文档窗口是当前活动窗口。 （　　）

33．在 Word 文档中，用户可以插入自己建立的图形文件。 （　　）

34．在 Word 中，艺术字可以"自由旋转"。 （　　）

35．在 Word 环境下，打开"插入"菜单，执行"符号"命令，可插入特殊字符和符号。

（　　）

36．在编辑 Word 文档时，按 Ctrl+Home 键可以将插入点快速移动到文档起始位置。

（　　）

37．在 Word 环境下，可通过对页面的设置来改变打印出文件的页面大小。 （　　）

38．Word 进行打印预览时，只能一页一页地观看。 （　　）

39．在 Word 的编辑状态，可以同时显示水平标尺和垂直标尺的视图方式是普通视图。

（　　）

40．在 Word 的查找操作中，查找选项中可区分大小写，但不能使用通配符*等。

（　　）

四、简答题

1．Word 2003 中文档有哪几种视图方式？各有什么特点？如何切换？

2．如何为文档设置修改权限密码？

3．给文档添加页码有哪几种方法？

4．分节符有哪些类型？

5．如何解决分栏不平衡的问题？

6．如何将一个段落的格式复制给另一个段落？

7．如何在文档中添加项目符号和编号？

8．在文档中插入表格有哪些方法？

9．简要写出 SUM()、AVERAGE()函数的功能。

10. 图片的环绕方式有哪些？

11. 增加标题与正文之间的间距，可以采取哪几种方法？

12. 如何将设置 A3 纸型的文档缩小打印在 A4 纸张上？

13. 把文字转换为表格时，要求文字具备哪些基本条件？

14. 如何将两个文档进行合并？

15. 假设你写了一篇有关环境保护的文章，若使用 Word 来编排该文档，请写出你的操作步骤。

（1）将文章标题设为：黑体、小三号字、绿色、居中对齐。

（2）将第一段文本设为首字下沉格式，下沉行数为 3 行、字体为隶书、颜色为灰色-50%。

（3）将第二段的行间距设置为"固定值"为"20 磅"。

（4）在第三段中插入图片"绿色生态.jpg"，将文字环绕方式设为"四周型"，距正文上下左右距离均为 0 厘米。

16. 使用 Word 对文档排版结果如下，请写出你的操作步骤。

中学生评选的"大学排行榜"出炉

本报记者 小丫 昨天，一份由中学生评选推荐出的"大学排行榜"在北大附中出炉。排行榜上排名前三位的高校分别为：北大、清华、浙大。

据了解，由中学生评出的大学排行榜在全国尚属首次。

据排行榜制作者、北大附中高二学生杜珊介绍，目前社会上的排行榜很多，但很少有人关注中学生眼中名牌大学的排行。为此，杜珊向北大附中高三、高二年级的学生散发 110 份问卷，请被调查者选出"心目中的前 10 名优秀大学"和"你注重大学的哪些因素"。

从调查结果来看，在中学生的心目中，六大因素的权重比排名前三是：师资条件、学术声誉、学生质量。这与其他排行榜中以学校的学术声誉和 SCI 论文数为重评比明显不同。根据调查结果，杜珊计算出各所名校的得分和排名。

对于中学生排行榜与其他排行榜最后在排序标准上出现的反差，杜珊表示，专业排行榜的主要调查对象是两院院士、大学校长、知名学者等，而中学生最注重大学是否有优秀的教师队伍。

（1）将标题设置为：黑体、小二、红色。

（2）"本报记者 小丫"设为楷体、五号、加框、红色。

（3）将第一段的"北大、清华、浙大"设为带圈文字。

（4）第二段首字下沉 2 行、加波浪下划线。

（5）将"师资条件"、"学术声誉"、"学生质量"加着重号、背景绿色。

（6）将第四段文档分为两栏，栏宽相等，栏距为 1cm，有分隔线。

操作 1 创建 Word 文档

【操作目的】

1. 能启动和退出 Word;
2. 掌握文本的输入和编辑的基本方法;
3. 会保存建立的文档;
4. 会预览和打印文档。

【操作内容】

进行文档的新建、保存、打开等基本操作,并新建一文档输入以下文字,并进行文本的基本编辑,并保存在文档"排版 1"中。排版效果如图 4-1 所示。

> 一树叶的音乐
>
> 　　树叶,是大自然赋予人类的天然绿色乐器。吹树叶的音乐形式,在我国有悠久的历史。早在一千多年前,唐代杜佑的《通典》中就有"衔叶而啸,其声清震"的记录。
>
> 　　树叶这种最简单的乐器,通过各种技巧,可以吹出节奏明快、情绪欢乐的曲调,也可吹出清亮悠扬、深情婉转的歌曲。它的音色柔美细腻,好似人声的歌唱,那变化多端的动听的旋律,使人心旷神怡,富有独特情趣。
>
> 　　据记载,大诗人白居易也有诗云:"苏家小女旧知名,杨柳风前别有情,剥条盘作银环样,卷叶吹为玉笛声",可见那时候树叶音乐就已相当流行。
>
> 　　吹树叶一般采用桔树、枫树、冬青或杨树的叶子,以不老不嫩为佳。太嫩的叶子软,不易发音;老的叶子硬,音色不柔美。叶片也不应过大或过小,要保持一定的湿度和韧性,太干易折,太湿易烂。
>
> 　　它的演奏,是靠运用适当的气流吹动叶片,使之振动发音。叶子是簧片,口腔像个共鸣箱。吹奏时,将叶片夹在唇间,用气吹动叶片的下半部,使其颤动,以气息的控制和口形的变化来掌握音准和音色,能吹出两个八度音程。
>
> 　　用树叶伴奏的抒情歌曲,于淳朴自然中透着清新之气,意境优,别有风情。

图 4-1 "排版 1"效果图

【操作步骤】

1. 启动 Word

(1)执行"开始"→"程序"→"Microsoft Office"→"Microsoft Office Word"命令,启动 Word 文字处理软件;

(2)观察 Word 窗口的组成。

2. Word 文档的基本操作

(1)新建一文档;

(2)保存文档,文档名为"排版 1";

(3)退出 Word;

(4)打开文档"排版 1"。

3. 文本的输入及编辑

(1)按"Ctrl+空格"切换输入法,输入文本;

（2）给输入的文档添加标题："绿色的旋律"；

（3）将文中第二段与第三段位置互换；

（4）将第四、第五段的"叶片"均替换为"叶子"；

（5）保存文档，并退出 Word。

4．预览和打印文档

（1）执行"文件"→"打印预览"菜单命令，观察对话框；

（2）执行"文件"→"打印"菜单命令，观察对话框，设置后打印。

操作 2　字体与段落设置

【操作目的】

1．掌握文本的选定方法；

2．掌握字体格式设置的方法；

3．掌握段落格式的设置方法；

4．能使用编号与项目符号；

5．掌握格式刷的使用方法。

【操作内容】

对"排版 1"文档进行字体、字形、大小、字间距等字体格式设置，以及对齐方式、行间距等段落格式设置，并给部分段落添加项目符号和编号，并另存在文档"排版 2"中。排版效果如图 4-2 所示。

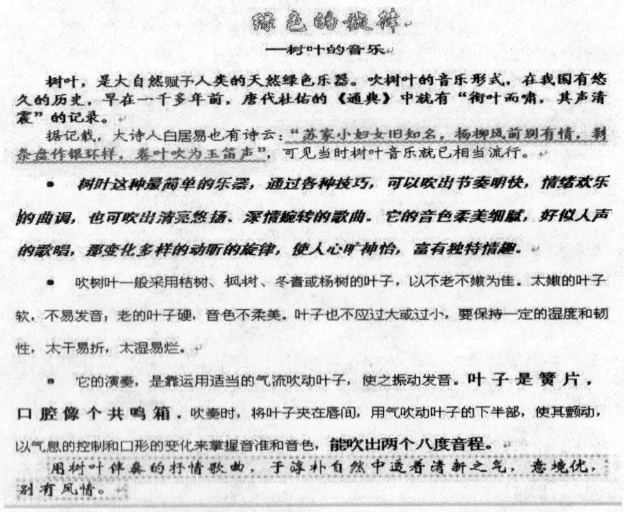

图 4-2　"排版 2"效果图

【操作步骤】

1．字体格式设置

（1）打开文档"排版 1"；

（2）观察"格式"菜单中的"字体"对话框、"格式"工具栏的组成；

（3）将正文第一段设为加粗小四号、楷体；

（4）将"苏家 …… 玉笛声"设为绿色、小四号、楷体、加粗，并加桔黄色粗波浪下划线；

（5）将"叶子是簧片，口腔像个共鸣箱"设为加粗、小四号、宋体，并设字符间距为加宽"2磅"；

（6）将"能吹出两个八度音程"设为加粗、小四号、宋体。

2．段落格式设置

（1）观察"格式"菜单中的"段落"对话框；

（2）将标题设为二号、绿色、空心、华文行楷，并设为"居中"；

（3）将副标题设为四号、隶书，并设为"居中"；

（4）将第三段设置为加粗小四号、倾斜、黑体字，并设置行间距为固定值"28磅"；

（5）给第3～5段添加圆点项目符号；

（6）将最后一段设为四号、华文新魏，并添加"七彩霓虹"文字效果；

（7）以文件名"排版2"另存该文档，关闭Word。

操作3 页面设置

【操作目的】

1．掌握页面设置的方法；

2．能对文档进行分栏设置；

3．掌握页眉页脚的设置方法；

4．能对文档添加边框和底纹。

【操作内容】

对"排版 2"文档进行页面设置、分栏，并添加适当的页眉和页脚、边框和底纹，并进行打印预览和打印等操作，并另存在新文档"排版 3"中，其排版效果如图4-3所示。

图4-3 "排版3"效果图

【操作步骤】

1．页面设置

（1）打开文档"排版 2"；

（2）观察"页面设置"对话框中的各选项；

（3）设置文档的上、下、左、右的边距均为"3 厘米"。

2．分栏设置

（1）观察"分栏"对话框；

（2）将第 3～5 段文字分为两栏，栏宽不相等，第一栏宽为"5.75 厘米"，间距为"0.75 厘米"，且加上分隔线。

3．设置页眉和页脚

（1）观察"页眉和页脚"工具栏的组成；

（2）添加页眉为"绿色的旋律"，设为三号隶书，并距正文"4 厘米"，页脚为页号，并距正文"8 厘米"。

4．添加边框和底纹

（1）将第一段添加边框为绿色 0.5 磅、三重直线，底纹为 10%灰色；

（2）将"能吹出两个八度音程"添加 20%绿色底纹；

（3）将最后一段添加绿色、0.75 磅、带阴影的双波浪线边框；

（4）以文件名"排版 3.doc"另存该文档。

操作 4 表格制作

【操作目的】

1．掌握建立表格的方法；

2．掌握表格的编辑方法；

3．能在表格中输入文本并设置表格属性；

4．能将文档中的数据转换成表格；

5．会表格公式的计算。

【操作内容】

建立一表格，对表格进行编辑，对文本进行字体、间距、对齐方式等格式设置，并对表格进行边框和底纹设置；

在文档中输入以下数据，将其转换成表格，并利用公式进行表格数据的计算。

姓名,性别,语文,数学,英语,计算机应用,C 语言,总分,平均分

张颖,女,86,87,98,68,75

孙浩,男,75,95,85,76,95

李文,男,85,95,75,68,85

吴婷,女,78,98,85,75,65

葛新,女,79,87,89,84,65

保存两个表格在文档"文档 4"中，排版效果如图 4-4 所示。

个 人 简 历							
姓名	现用名		性别		出生年月		照片
	曾用名		籍贯		民族		
文化程度			政治面貌		职称		
家庭住址							
联系电话				住宅电话			
主 要 经 历							
何年何月至何年何月			在何单位任何职务			证明人	

姓名	性别	语文	数学	英语	计算机应用基础	基础会计	总分	平均分
孙浩	男	75	95	85	76	95	426	85.2
张颖	女	86	87	98	68	75	414	82.8
李文	男	85	95	75	68	85	408	81.6
葛新	女	79	87	89	84	65	404	80.8
吴婷	女	78	98	85	75	65	401	80.2

图 4-4　"排版 4"效果图

【操作步骤】

1．建立表格

（1）新建一个文档；

（2）在文档中插入一个 10 行、8 列的表格。

2．表格的选取与编辑

（1）选取表格中不同的区域，进行表格选取练习；

（2）合并需要合并的单元格；

（3）调整表格的行高与列宽；

（4）对表格进行其他编辑操作练习。

3．输入文本及设置表格属性

（1）输入表格中的数据；

（2）将"个人简历"和"主要经历"均设为加粗四号宋体，并设字符间距为加宽"4 磅"，并居中放置，且添加 20%灰色底纹；

（3）将其他文字均设为小四号宋体，并居中放置，其底纹设为 10%灰色底纹；

（4）将整个表格设置内线为 0.5 磅细线，外线为 3 磅双线。

4．将数据转换成表格

（1）在上面表格的下面输入操作内容所提供的数据；

（2）将输入的数据转换成表格。

5．公式计算

（1）计算出相应的总分和平均分；

（2）按总分降序排列表格数据；

（3）以文件名"排版 4.doc"保存该文档，关闭 Word。

操作 5　图文混排

【操作目的】

1．能在文档中插入艺术字并设置艺术字的格式；

2．能插入图片并设置图片格式；

3．能插入自选图形并设置自选图形的格式；

4．能插入文本框并设置文本框的格式。

【操作内容】

新建文档，输入文本（只包括正文内容），对文本设置首字下沉，并在文档中插入艺术字、图片、自选图形、文本框等对象，并对其进行格式设置，保存为"排版 5"文档，其排版效果如图 4-5 所示。

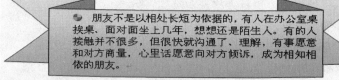

图 4-5　"排版 5"效果

【操作步骤】

1．设置首字下沉

（1）新建文档，输入以下文字

人生拾贝

朋友这个词之所以让人轻松，是因为可以随意组合。就像一套高档的组合家具，放在一起有一种整体美；单个摆放，有一种独立美。

血缘关系则复杂得多，比如说，一个人一生只有一个母亲，而且对母亲没有任何选择的余地。上帝让谁给你做母亲都是一锤定音。母亲对于任何来说，都有一种神圣感、命运感。

　　朋友关系则简单得多，合则为朋，分则为月，自己也能照亮自己。分分合合不需要任何手续。由于朋友这种人际关系的随意性和自由性，人们都能坦然地接受。当然，朋友也有一定的规律性，有人说朋友是生活自然筛选的结果，社会这盘大筛子神秘莫测地把许多人颠簸在一个层面上了，他们做朋友的几率就大得多。

（2）将标题设置为隶书、加粗、二号，并居中放置；

（3）将第二段设置为首字下沉，设为黑体，下沉 3 行，距正文 0.5 厘米。

2．设置艺术字格式

（1）将第三段第一句话设为深红色、四号、宋体，并设为空心字；

（2）插入如图示艺术字"朋友"，设置版式为"浮于文字上方"；

（3）观察"设置艺术字格式"对话框中各选项。

3．设置图片格式

（1）在第三段中间插入剪贴画，适当调整大小及位置，并设置版式为"紧密型"；

（2）观察"设置图片格式"对话框中各选项。

4．设置自选图形格式

（1）插入"前凸带形"自选图形，调整其大小如图所示，输入如图 4-5 所示的文字，并设置自定义项目符号；然后设置其线型为 1 磅黑色线，填充为绿色和浅绿双色；

（2）观察"设置自选图形"对话框中各选项。

5．设置文本框格式

（1）插入如图示文本框，其中"朋友随想"为绿色一号华文行楷，"马月霞"为小三号宋体，并插入自定义项目符号，然后设置该文本框的版式为"紧密型"；

（2）观察"设置文本框格式"对话框中各选项；

（3）以文件名"排版 5.doc"保存该文档，关闭 Word。

第 **5** 章

制作电子表格

学习目标

1. 理解工作簿、工作表、单元格等基本概念；
2. 熟练创建、编辑和保存电子表格文件；
3. 熟练输入、编辑和修改工作表中的数据；
4. 熟练设置工作表的格式；
5. 熟练插入单元格、行、列、工作表、图表、分页符、符号等；
6. 理解单元格地址的引用；
7. 会使用公式和常用函数；
8. 了解常见图表的功能和使用方法；
9. 会创建与编辑数据图表；
10. 会对工作表中的数据进行排序、筛选、分类汇总；
11. 会使用数据透视表和数据透视图进行数据分析；
12. 会根据输出要求对工作表进行页面设置，打印预览和打印。

知识要点

Excel 2003 是 Office 2003 中的电子表格处理软件，具有强大的制作表格、数据计算、数据分析、创建图表等功能，广泛应用于金融、财务、统计、审计以及行政等领域。

● 工作簿：是 Excel 中用来存储处理数据的文件，工作簿文件的扩展名是.xls。

● 工作表：一个工作簿最多可以包含 255 个工作表，系统默认为 3 个工作表（Sheet），一个工作表有 65536 行，256 列。

单元格：行与列交叉形成单元格，它是存储数据、公式的基本单位，用列标加行号来为单元格命名。其中，列标用英文字母 A、B、C、…表示，行号用阿拉伯数字 1、2、3…、表示。

一、创建工作表

1．建立工作表

Excel 启动完毕，将自动产生一个新的工作簿"Book1"。在默认状态下，Excel 为每个新建工作簿创建三张工作表，工作表的基本元素是单元格，每一个单元格都可以用来存储各种类型的数据。常用的数据格式包括文本、数字、日期、时间等。

- 数字作为文本数据输入时，应在数字的前面加一个英文半角的单引号"'"。
- 输入分数时，请在分数前面键入"0"＋"空格键"。
- 输入负数时，请在负数前键入负号"-"，或将其置于括号"（）"中。
- 插入符号，可通过 "插入"→"符号"菜单命令，打开"符号"对话框。在对话框中选中需要的符号，单击"插入"按钮，插入符号后再单击"关闭"按钮。

输入好数据的工作表要及时保存，保存的方法与 Word 文件基本相同。执行"文件"→"保存"菜单命令，或单击常用工具栏"保存"按钮，打开"另存为"对话框保存文件。工作表包含在工作簿中，我们保存的是以".xls"为扩展名的工作簿，而不是单纯的工作表。

2．编辑工作表

（1）单元格的移动与复制。选择要移动与复制的单元格或单元格区域，执行"编辑"→"剪切"或"复制"菜单命令，选定目标位置，执行"编辑"→"粘贴"菜单命令，即可完成单元格数据的移动与复制。

（2）清除单元格格式与内容。清除单元格格式与内容是删除其中的格式和内容，原单元格仍保留。方法是执行"编辑"→"清除"→"格式"或"内容"菜单命令，分别可以清除单元格中的格式或内容。

（3）工作表的操作。在工作表标签上单击右键可弹出快捷菜单，在快捷菜单中能进行插入、删除、重命名、移动与复制等对工作表的操作。

3．将外部数据导入到工作表中

Excel 允许将文本、Access 等文件中的数据导入，以实现与外部数据共享，提高办公数据的使用效率。方法：通过 "数据"→"导入外部数据"→"导入数据"菜单命令，打开"选取数据源"对话框，选择数据源打开，进入文本导入向导可将外部文本数据导入到工作表中。

4．模板的作用和使用方法

在 Excel 中模板就是一种特殊的工作表。可以将经常使用的工作表格式以模板的形式保存，当再次使用该格式的工作表时，可直接调用该模板。

创建模板：建立一个工作表后。在保存文件时"保存类型"选择"模板"选项。

使用模板：执行"文件"→"新建"命令，在任务窗格上单击"本机上的模板…"选项，打开"模板"对话框，选择要使用的模板，单击"确定"按钮，即可用选中的模板创建新文件。

5．保护工作表和工作簿

为防止他人因误操作造成对工作表数据的损害，可以设置工作表和工作簿的密码保护。

方法是执行"工具"→"保护"→"保护工作表"或"保护工作簿"命令，打开"保护工作表"或"保护工作簿"对话框，设置密码及相应选项。

二、工作表格式设置

Excel 具有所见即所得的表格排版功能，格式化工作表可以使数据与表格更加清晰、美观、容易理解，对工作表的格式化主要包括：

1．字符格式化

包括设置字符的字体、字号、字形、下划线、颜色等。可以执行"格式"→"单元格"菜单命令，打开"单元格格式"对话框的"字体"选项卡进行设置。也可以执行"格式"工具栏上的按钮快速设置。

2．单元格格式化

单元格中数据的对齐、合并、边框、图案等格式，可以通过执行"格式"→"单元格"菜单命令，打开"单元格格式"对话框设置。也可执行"格式"工具栏上的按钮快速设置。

单元格中的数字显示格式可以使用"格式"工具栏设置常用的数值、货币、会计专用等多种显示格式。在"单元格格式"对话框的"数字"选项卡中可以设置更加丰富的数字显示格式。

3．表格格式化

（1）设置行高和列宽。将光标放在需要调整列的列标号与后续列标号之间，当光标形状变成带有左右两个方向的箭头时，拖动鼠标到适合宽度为止。通过 "格式"→"行"→"行高"或"列"→"列宽"命令可以精确设置行高和列宽。

（2）设置表格线。使用"格式"工具栏上的"边框"按钮 ▥▾ 可以快速设置常用的表格线。执行"格式"→"单元格"菜单命令，打开"单元格格式"对话框，选择"边框"选项卡，可以设置更加丰富的表格线。在 Excel 中设置表格线的方法与在 Word 中设置表格线的方法相似。

（3）设置底纹颜色和底纹图案。使用"格式"工具栏上的"填充颜色"按钮 ▨▾ 可以快速设置底纹颜色。在"单元格格式"对话框的"图案"选项卡中可以设置更加丰富的底纹颜色和底纹图案。

4．使用格式刷

使用格式刷可以快速复制单元格的格式，操作方法是先选择含有要复制格式的单元格或单元格区域，单击工具栏上的"格式刷"按钮，再拖动鼠标选择要设置格式的单元格或单元格区域。

5．设置条件格式

能够将满足一定条件的单元格用所指定的特殊格式显示，最多同时添加三个条件。可以通过执行"格式"→"条件格式"菜单命令，打开"条件格式"对话框设置。

6．自动套用格式

Excel 中内置了一些典型的单元格区域格式，这些格式包括字体大小、图案、边框和对齐方式。使用自动套用格式可以快速格式化工作表，方法是选取数据区域，执行"格式"→"自动套用格式"菜单命令，打开"自动套用格式"对话框，选择需要的套用格式，单击"确定"按钮。

7．使用样式保持格式的统一和快捷设置

样式是应用于所选内容的格式组合。使用了一种样式，也就采用了样式中所定义的所有格式。要是想使用 Excel 中的样式，则可按以下步骤操作：

（1）选中要套用样式的单元格或单元格区域。

（2）执行"格式"→"样式"菜单命令，打开"样式"对话框。

（3）在"样式名"下拉列表中，选中要使用的样式。在"样式包括"下的复选框中，选中要套用的样式类型。

（4）单击"确定"按钮。选中单元格或区域的格式将设置为该样式的格式组合。

要是修改了样式，可以重新命名样式名，在"样式"对话框中单击"添加"按钮可增加自定义样式。

三、表格中的数据处理

1．单元格引用

单元格地址有三种表示方式：相对地址、绝对地址和混合地址。

相对地址：指单元格引用会随公式所在单元格位置的变化而变化。表示单元格区域时，只用"列号+行号"的形式。如 A1。

绝对地址：指引用特定位置的单元格，公式中引用的单元格地址不随当前单元格位置的改变而改变。使用时，单元格地址的列号和行号前增加一个字符"$"。如$A$1。

混合地址：公式中同时使用相对引用和绝对引用。

引用其他工作簿和工作表中的单元格：[工作簿]工作表！单元格地址。例如，"Book1"工作簿中"Sheet1"工作表的 A1 单元格用"[Book1]Sheet1！A1"表示。

2．自动求和

可以对数字按行、列分别进行求和计算，也可以对单元格区域的数字求和。

自动求和时选择求和区域和该区域右边或下边存放求和结果的空白单元格，再单击"常用"工具栏上的"自动求和"按钮 Σ，即可把求和结果存入空白单元格。

3．使用公式

公式的组成：必须以"="开始，不允许出现空格，其他与数学公式的构成基本相同。

公式的输入：公式的内容可以直接在单元格中输入，也可以在编辑栏里输入。

公式的应用：使用公式时，公式的内容显示在编辑栏的编辑框中，计算结果显示在单元格中，也可通过双击单元格查看相应的公式内容。

公式的复制：单击输入公式的单元格，将光标移到其填充柄上，当指针变成黑色"十"字时，拖动鼠标可完成公式的复制。复制时，公式中引用的绝对单元格地址不变，相对单元格地址变化规律与结果单元格变化规律一致。

公式中的运算符：算数运算符、比较运算符、文本运算符和引用运算符。

公式中运算符的优先级依次为：百分号、乘方、乘法和除法、加法和减法、文本运算符、比较运算符。

4．常用函数

函数是一些已经定义好的公式，由函数名和参数组成，一般格式为：函数（参数）。

输入函数有两种方法：一是在单元格中直接输入函数，但必须先输入一个"="，然后再输入函数本身；二是使用粘贴函数的方法，即执行"插入"→"函数" 菜单命令或单击编辑栏上的"插入函数"按钮 f_x，打开"插入函数"对话框，进行设置。

常用的函数有：

（1）求和函数 SUM

格式：SUM(number1, number2, number3,…)

功能：计算单元格区域所有数值的和。

（2）求平均值函数 AVERAGE

格式：AVERAGE (number1, number2, number3,…)

功能：计算单元格区域所有参数的算术平均值。

（3）逻辑函数 IF

格式：IF（逻辑表达式，条件成立时的值，条件不成立时的值）

功能：对逻辑表达式进行测试，如果成立取第一值，不成立取第二个值。

5．数据排序

排序功能可以按一个或多个条件（关键字）重新排列数据，以便更好地查看、比较和分析数据。关键字可以是数字、日期、字母或文本。也可以按自己定义序列（如大、中和小）进行排序。

● 常用工具栏的"升序"按钮 和"降序"按钮 可以快速按一列数据为关键字进行排序。

● 执行"数据"→"排序"命令，打开"排序"对话框，可以设置数据按多关键字排序。

6．数据筛选

筛选功能可以选出满足条件的数据显示，暂时将其他行的数据隐藏起来，从而使我们能更清楚地查看满足条件的信息。分为"自动筛选"和"高级筛选"两种，自动筛选只能设置简单的筛选条件，如果要设置复杂筛选条件，则要使用高级筛选方式。

自动筛选：执行"数据"→"筛选"→"自动筛选"菜单命令，进入自动筛选状态，各个字段名右下角显示一个下拉按钮 ▼，单击要筛选字段右下角的下拉按钮 ▼，从打开的列表中选择筛选条件，完成操作。

7. 分类汇总

分类汇总是指对数据使用多种方式进行分类统计。Excel 的分类汇总方式有：求和、计数、求均值、最大值、最小值、乘积、偏差、标准偏差、公差和标准公差等。默认的分类汇总方式是求和。

在分类汇总之前要按分类的字段对数据排序，然后选择数据区域的任意一个单元格，"数据"→"分类汇总"菜单命令，在对话框中设置"分类字段"、"汇总方式"和"选定汇总项"后，单击"确定"按钮。

四、数据分析

Excel 的图表功能可以把工作表中的数字转变成图形，极大地增强数据的直观性和可视性。图表是使用工作表的数据生成的图形，它与工作表的数据相链接，当工作表的数据发生变化时，图表将自动更新。

1. 建立图表

选择用于创建图表的数据区域或单击任一单元格，执行"插入"→"图表"菜单命令，启动图表向导对话框，根据向导提示完成设置，即可创建图表。

通过向导创建图表大致上分四个步骤：选择图表类型→选择图表数据源→设置图标选项（标题及分类轴与数值轴名称等）→选择图表位置。

Excel 中常用的图表主要有柱形图、条形图、折线图、饼图和圆柱图等。

● 柱形图是默认图表类型，可以表现出一段时期内的数据的变化，或者描述各项之间的比较；

● 条形图描述各个项目之间的差别情况；

● 折线图可以以等间隔显示数据的变化趋势；

● 饼图可以显示每一项数据占该系列数值总和的比例关系。

2. 修饰图表

图表可以作为一个整体进行编辑。移动图表位置、改变图表及图表对象大小等操作方法与在 Word 中编辑图片的方法相似。

图表由图表标题、数值轴、分类轴、绘图区和图例等部分组成。设置图表对象格式时，用户可以使用"格式"工具栏、"格式"菜单和"图表"菜单。

3. 创建数据透视表和数据透视图

数据透视表是一种对大量数据快速汇总和建立交叉列表的交互式格式表格，用户可以在透视表中指定要显示的字段和数据项，以确定如何组织数据。

创建数据透视表和数据透视图可通过"数据"→"数据透视表和数据透视图"菜单命令，通过"数据库透视表和数据透视图向导"来完成。

数据透视表和数据透视图创建好后一般显示的是全部数据。根据需要可以使用页字段来筛选数据，同样也可以选择行字段和列字段来筛选数据。

五、打印工作表

打印工作表前，用户要对工作表进行设置，以达到理想的打印效果。

1．打印区域设置

在默认状态下，Excel 会自动选择有数据的区域作为打印区域。如果用户自定义打印区域，操作步骤为，先选中需要打印的区域，然后单击 "文件"→"打印区域"菜单选项。

2．页面设置

Excel 与 Word 中页面设置的主要区别是工作表的设置。主要包括：打印标题、网格线、行号列标、批注、打印顺序、分页等。

（1）分页

一个工作表内容不止一页时，系统能够自动设置分页打印。如果用户需要将文件强制分页，先选择需要开始分页的单元格，再执行"插入"→"分页符"菜单命令。

（2）设置打印标题

如果打印的内容较长要分成多页，同时要求在其他页面上具有与第一页相同的行标题或列标题，则设置打印标题。方法：打开"页面设置"对话框的"工作表"选项卡，在"顶端标题行"和"左端标题列"文本框输入作为打印标题的行或列的绝对地址。

3．打印预览与打印

在各项设置完成后，单击"常用"工具栏的"打印预览"按钮🔍或执行"文件"→"打印预览"菜单命令，观察预览效果。不满意之处仍然可以在打印预览窗口中单击"设置"按钮做进一步修改。

使用打印机打印表格，执行"文件"→"打印"菜单命令，打开"打印内容"对话框。在打印机列表框中选择可使用的打印机，打印范围中指定打印的页码，打印内容为选定工作表。单击"确定"按钮，打印机开始打印。

5.3 例题解析

【例1】Excel 2003 中，第三行和第四列的单元格地址可表示为（   ）。

    A．34   B．43   C．D3   D．3D

【答案】C。

【分析】在 Excel 工作表中，每个单元格都有其固定的地址，由"列标+行号"构成，列标用英文字母 A、B、C、…表示，行号用阿拉伯数字 1、2、3、…表示，故应选 C 项。

【例2】Excel 2003 中，在打印学生成绩单时，对不及格的成绩用醒目的方式表示（如用红色表示等），当要处理大量的学生成绩时，利用_____命令最为方便。

【答案】条件格式。

【分析】条件格式能够将满足一定条件的单元格用所指定的特殊格式显示，无论数据多少，只要满足相应的条件，都可以以特定的格式进行显示。

【例 3】用户在 Excel 电子表格中对数据进行排序操作时，执行"数据"菜单下的"排序"命令，在"排序"对话框中，必须指定排序的_____关键字。

【答案】主要。

【分析】对 Excel 电子表格中的数据进行排序操作时，在"排序"对话框中最多可以设置三个关键字，其中"主要关键字"必须指定，"次要关键字"和"第三关键字"是可选项，在主要关键字相同时通过次要关键字进行排序，依次类推。

【例 4】打印工作表前，要想设置打印的份数，应执行_____。

【答案】"文件"→"打印"命令。

【分析】打印的方法有很多，但用"文件"菜单中的"打印"命令，可以打开"打印"对话框，设置各项打印参数，包括打印的份数。

【例 5】若在单元格中输入（23），按回车后单元格显示（　　）。

A.（23）左对齐　　　　　　　　B. 23　右对齐
C. -23　左对齐　　　　　　　　D. -23　右对齐

【答案】D。

【分析】本题重在考查在单元格中输入数字的情况，在 Excel 2003 中输入（23），表示输入的为-23，并自动采用右对齐，数值型数据默认的对齐方式为右对齐。

【例 6】Excel 2003 中，格式化单元格不能改变单元格的（　　）。

A. 对齐格式　　　B. 边框　　　　C. 行高　　　　D. 字体

【答案】C。

【分析】本题主要针对单元格的格式化操作，通过"格式"菜单中的"单元格"命令，可以设置的项目有"数字"、"对齐"、"字体"、"边框"、"图案"和"保护"六项，不包括行高。

【例 7】下列是 Excel 2003 窗口不同于 Word 2003 窗口特有部分的是（　　）。

A. 格式工具栏　　　　　　　　B. 编辑栏
C. 菜单栏　　　　　　　　　　D. 常用工具栏

【答案】B。

【分析】Excel 2003 窗口和 Word 2003 窗口大致相同，不同之处是 Excel 包括活动单元格、名称栏、编辑栏、工作表和工作簿等部分。

【例 8】在 Excel 中，选取整个工作表的方法是（　　）。

A. 执行"编辑"菜单中的"全选"命令
B. 单击工作表中的"全选"按钮
C. 单击 A1 单元格，然后按住 Shift 键单击当前屏幕的右下角单元格
D. 单击 A1 单元格，然后按住 Ctrl 键单击工作表的右下角单元格

【答案】B。

【分析】答案 C 选择了当前屏幕下的所有单元格，而答案 D 只选中了两个单元格。要选取整个工作表可以通过单击工作表左上角的"全选"按钮，或按 Ctrl+A 键完成，在编辑菜单下没有"全选"命令，故本题选 B。

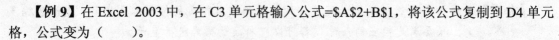

【例9】在 Excel 2003 中，在 C3 单元格输入公式=$A$2+B$1，将该公式复制到 D4 单元格，公式变为（   ）。

    A．=A2+B1   B．=B3+C2   C．=$A$2+C$1   D．=$B$2+C$2

【答案】C。

【分析】本题重在考查复制公式时单元格地址的变化，其中相对地址，随当前单元格地址的变化而变化，绝对地址不变化，混合单元格地址中也是相对地址部分做相应的变动，绝对地址部分不变。

【例10】产生图表的数据发生变化后，图表将（   ）。

    A．会发生相应的变化   B．会发生变化，但与数据无关

    C．不会发生变化   D．必须进行编辑后才会发生变化

【答案】A。

【分析】图表是以图形表示工作表中数据的一种方法，当工作表的数据发生变化时，图表将自动更新。

【例11】下列不是页面设置所具有的功能的是（   ）。

    A．设置纸张大小   B．设置打印标题

    C．设置表格边框   D．设置页眉页脚

【答案】C。

【分析】"页面设置"对话框中有四个选项卡，分别是"页面"、"页边距"、"页眉/页脚"、"工作表"，所以页面设置的主要内容是设置纸张大小、页边距、页眉、页脚、打印标题、打印区域等，不能设置表格边框。

【例12】新建如下图所示的"职工登记表"，并进行如下操作：

（1）设置标题"员工登记表"字体为黑体，字号为14，加粗，背景为浅黄色，对齐方式为 A1:F1 区域合并居中。

（2）设置 A2:F10 区域的数据居中对齐；为 B12:C15 区域设置浅黄色底纹；将 F3:F10 区域设置为"数字"，保留两位小数。

（3）以"部门"为主关键字，"年龄"为次要关键字降序排序。

（4）在指定的单元格中计算出职工的"工资总额"、"平均工资"、"最高工资"和"最低工资"。

	A	B	C	D	E	F
1	员工登记表					
2	员工编号	部门	姓名	性别	年龄	工资
3	K12	开发部	沈一丹	男	30	2000
4	C24	测试部	刘力国	男	32	1600
5	W24	文档部	王红梅	女	24	1200
6	S21	市场部	张开芳	男	26	1800
7	S20	市场部	杨帆	女	25	1900
8	K01	开发部	高浩飞	女	35	1400
9	W08	文档部	贾铭	男	24	1200
10	C04	测试部	吴朔源	男	22	1800
11						
12		工资总额				
13		平均工资				
14		最高工资				
15		最低工资				

【答案】操作结果如下图所示。

A	B	C	D	E	F
1	员工登记表				
员工编号	部门	姓名	性别	年龄	工资
W24	文档部	王红梅	女	24	1200.00
W08	文档部	贾　铭	男	24	1200.00
S21	市场部	张开芳	男	26	1800.00
S20	市场部	杨　帆	女	25	1900.00
K01	开发部	高浩飞	女	35	1400.00
K12	开发部	沈一丹	男	30	2000.00
C24	测试部	刘力国	男	32	1600.00
C04	测试部	吴朔源	男	22	1800.00
		工资总额	12900.00		
		平均工资	1612.50		
		最高工资	2000.00		
		最低工资	1200.00		

【分析】(1)、(2) 为文本及单元格格式的编辑操作，通过"格式"菜单下的"单元格"命令进行设置；(3) 为排序操作，可由"数据"菜单下的"排序"命令实现；(4) 为函数的应用，分别用到函数 SUM、AVERAGE、MAX 和 MIN，它们的数据区域均为 F3:F10。

5.4　巩固练习

一、填空题

1．在 Excel 2003 中，进行数据存储和操作的主要文档称为_____。

2．Excel 中表达式 $B$3 的含义是_____。

3．在 Excel 单元格中输入负数时，可在数字前输入"−"或将数字置于_____中。

4．在 Excel 中，在单元格中输入 =23>20，确认后，此单元格显示的内容为_____。

5．在 Excel 中，公式"=SUM(A1：A5)"表示_____。

6．在 Excel 中，按快捷键_____可以在活动单元格中输入当前系统日期。

7．Excel 中要输入身份证号码，应先输入_____。

8．_____函数可以用来查找一组数中的最大数。

9．在 Excel 中，"合并单元格"选项位于"单元格格式"对话框中的"_____"选项卡。

10．在 Excel 中，对数据分类汇总之前必须对数据进行_____。

11．启动 Excel 后，系统会自动打开一个空白工作簿，并默认工作簿的名称为_____。

12．在 Excel 中，可以将文本在单元格中换行输入，应按_____组合键。

13．在 Excel 的工作簿中，Sheet1 工作表中第 6 行第 F 列的单元格地址应表示为_____。

14．在 Excel 工作表中，若 A1=5，A2=3，B1=4，B2=5，某单元格中公式为"=MIN(A1:B2)"，则该单元格计算结果为_____。

15．Excel 中的单元格的引用有三种类型，它们是_____、绝对引用和混合引用。

16．在 Excel 中，在 B1 单元格中输入公式"=A$5"，如果将该公式复制到 D1 单元格中，则 D1 单元格中的公式是_____。

17．可以设定多个条件对数据进行筛选，即_____。

18．在 Excel 2003 中，当选定图表时，Excel 菜单栏的＿＿＿＿＿＿＿＿菜单会变成图表菜单。

19．在 Excel 2003 中，单元格 A1=789、A2=456，如果选中 A1:A2 并拖动填充柄至 A3，则 A3 单元格的值为＿＿＿＿＿＿＿。

20．在 Excel 工作表中，若单元格 D3=10，E3=5，D4=3，E4=20。当在单元格 F3 中填入公式"=$D3+E$3"，将此公式复制到 F4 中，则 F4 的值为＿＿＿＿＿＿＿。

21．在 Excel 中，一般情况下每张工作表由＿＿＿＿＿＿＿个长方形表格组成。

22．在 Excel 中，用来存储数据的文件称作＿＿＿＿＿＿＿。

23．在 A10 单元格中输入公式"=A$5+$B5"，如果将该公式复制到 D11 单元格中，则 D11 单元格中的公式为＿＿＿＿＿＿＿。

24．A2 单元格的值是 61，在 B2 单元格输入公式"=IF(A2>=60, "A","B")"，则 B2 单元格显示值为＿＿＿＿＿＿＿。

25．在 Excel 2003 中，假设在 B6 单元格有公式"=SUM（B2，B3）"，将该公式复制到 C8 单元格后，C8 单元格中的公式为＿＿＿＿＿＿＿。

26．在 Excel 函数名和参数之间不允许含有空格，否则将会出现＿＿＿＿＿＿＿这种错误信息。

27．Excel 中求 C2-D7 及 F2-F5 两个不连续区域平均值的公式为＿＿＿＿＿＿＿。

28．在 Excel 中，假定存在一个数据库工作表，内含系科、奖学金、成绩等项目，现要求出各系科发放的奖学金总和，则应先对＿＿＿＿＿＿＿进行排序，然后执行数据菜单中的"分类汇总"命令。

29．在 Excel 中，如果只复制格式，不复制内容，除了使用格式刷以外，还可使用"编辑"菜单中的"＿＿＿＿＿＿＿"选项。

30．在 Excel 工作表中，若 A1=5，A2=9，B1=4，B2=5，某单元格中公式为"=max (A1:B2)"，则该单元格计算结果为＿＿＿＿＿＿＿。

二、选择题

1．某 Excel 数据清单用来记录学生的 5 门课成绩，现要找出 5 门课都不及格的同学的数据，应使用（　　）命令最为方便。

　　A．查找　　　　　B．排序　　　　　C．筛选　　　　　D．定位

2．在 Excel 中，文档的默认文件扩展名为（　　）。

　　A．.xml　　　　　B．.txt　　　　　C．.xls　　　　　D．.doc

3．Excel 中若在数值单元格中出现一连串的"###"符号，希望正常显示则需要（　　）。

　　A．重新输入数据　　　　　　　　　　B．调整单元格的宽度

　　C．删除这些符号　　　　　　　　　　D．删除该单元格

4．下列菜单中，Excel 中没有的菜单是（　　）。

　　A．文件　　　　　B．表格　　　　　C．数据　　　　　D．帮助

5．在进行分类汇总时，首先应该进行（　　）。

　　A．合并单元格　　B．排序　　　　　C．筛选　　　　　D．自动求和

6．Excel 中下列函数表示求最大值的函数是（　　）。

　　A．SUM　　　　　B．MAX　　　　　C．MIN　　　　　D．AVERAGE

7．在正常设置下，在单元格输入 1/2，则单元格内容显示为（　　）。

A．1/2　　　　　　　B．二分之一　　　　　　C．二月一日　　　　　D．一月二日

8．在 Excel 中，工作表的拆分可分为（　　）。

A．水平拆分和垂直拆分

B．水平拆分、垂直拆分和水平、垂直同时拆分

C．水平、垂直同时拆分

D．以上均不是

9．Excel 中，若某一单元格右上角有一个红色的三角形，这表示（　　）。

A．数据输入时出错　　　　　　　　　B．附有批注

C．插入图形　　　　　　　　　　　　D．着重指出

10．用鼠标双击工作表的标签，则表示（　　）。

A．修改该工作表名称　　　　　　　　B．选定该工作表

C．关闭该工作表　　　　　　　　　　D．删除该工作表

11．如果选定了 D1:F2 区域，选择"插入"菜单中的"行"选项后产生（　　）空行。

A．1 个　　　　　　B．2 个　　　　　　C．3 个　　　　　　D．4 个

12．Excel 有（　　）、图表和数据库三个主要功能。

A．电子表格　　　　B．文字输入　　　　C．公式计算　　　　D．公式输入

13．在 Excel 中，将电话号码 025-3792645 输入到单元格，应输入（　　）。

A．"025-3792645　　　　　　　　　B．'025-3792645

C．025-3792645　　　　　　　　　　D．[025-3792645]

14．在 Excel 中选取"自动筛选"命令后，在清单上的（　　）出现了下拉式按钮图标。

A．字符段名处　　　　　　　　　　　B．所有单元格内

C．空白单元格内　　　　　　　　　　D．底部

15．在 Excel "格式"菜单中的"单元格"命令不能设置（　　）。

A．文本自动换行　　　　　　　　　　B．文本字体

C．小数位数　　　　　　　　　　　　D．条件格式

16．在 Excel 中，使用（　　）菜单中的向导来创建数据透视表。

A．工具　　　　　　B．插入　　　　　　C．数据　　　　　　D．视图

17．在 Excel 中，在单元格中输入 =SUM(8,16)+MIN(16,6)，将显示（　　）。

A．14　　　　　　　B．30　　　　　　　C．32　　　　　　　D．40

18．在 Excel 中，在 D5 单元格输入公式"=A2+B1"，将该公式移动到 D6 单元格，公式变为（　　）。

A．=A2+B1　　　　B．=B3+C2　　　　C．=$A$2+C$1　　　D．=$B$2+C$2

19．在 Excel 中，使用"插入"菜单中的"分页符"命令，插入的是（　　）。

A．水平分页符　　　　　　　　　　　B．垂直分页符

C．水平和垂直分页符　　　　　　　　D．分栏符

20．在 Excel 中，让某个单元格里数值保留两位小数，下列（　　）不可实现。

A．执行"数据"菜单中的"有效性"命令

B．选择单元格后单击鼠标右键，执行"设置单元格格式"命令

C．选择工具栏上的"增加小数位数"按钮或"减少小数位数"命令

D．选择菜单"格式"，再执行"单元格"命令

21．在 Excel 工作表进行智能填充时，鼠标的形状为（　　）。

    A．空心粗十字　　B．实心细十字　　　C．向左上方箭头　　D．向右上方箭头

22．如果单元 A1、A2、B1 和 B2 中分别存放在数值 10、20、100、200，单元 D6 中输入公式为"=MAX(A1:B2)"，则 D6 单元中将显示（　　）。

    A．10　　　　　　B．20　　　　　　C．100　　　　　　D．200

23．下面在"单元格格式"对话框中不能进行设置的是（　　）。

    A．单元格中数据的字体

    B．数值型数据的小数位数

    C．单元格的高度

    D．单元格中数据的对齐方式

24．下面不正确的单元格名称是（　　）。

    A．A8　　　　　　B．8A　　　　　　C．IC9　　　　　　D．HD100

25．在 Excel 的 B2 单元格中输入公式"=A$1+$B1"，如果将该公式复制到 D4 单元格中，则 D4 单元格中的公式为（　　）。

    A．=A$1+$B1　　B．=A$3+$D1　　C．=C$3+$D1　　　D．=C$1+$B3

26．如果想取消当前自动筛选状态，应该（　　）。

    A．选择"数据"菜单中的"筛选"选项，再在下级菜单中选择"取消筛选"

    B．选择"数据"菜单中的"筛选"选项，再在下级菜单中选择"高级筛选"

    C．选择"数据"菜单中的"筛选"选项，再在下级菜单中选择"自动筛选"

    D．筛选状态是不可取消的

27．在单元格中输入数值和文字数据，默认的对齐方式是（　　）。

    A．全部左对齐　　　　　　　　　　B．全部右对齐

    C．左对齐和右对齐　　　　　　　　D．右对齐和左对齐

28．下列可用作 Excel 工作表区域名字的是（　　）。

    A．VI256　　　　　B．IV256　　　　　C．256VI　　　　　D．256IV

29．已知工作表中 C3 单元格与 D4 单元格的值均为 0，C4 单元格中公式为"=C3=D4"，则 C4 单元格显示的内容为（　　）。

    A．C3=D4　　　　B．TRUE　　　　　C．#N/A　　　　　D．0

30．在 Excel 中，列表的最大标识是（　　）。

    A．IV　　　　　　B．ZZ　　　　　　C．FF　　　　　　D．Z

31．在 Excel 中，如果在 Excel 单元格中输入数据后按回车键，则活动单元格是（　　）。

    A．当前单元格下方的单元格　　　　B．下一行的第一个单元格

    C．当前单元格右边的单元格　　　　D．保持不变

32．在 Excel 中，关于数据筛选，下列说法正确的是（　　）。

    A．筛选条件只能是一个固定值

    B．筛选的表格中，只含有符合条件的行，其他行被隐藏

    C．筛选的表格中，只含有符合条件的行，其他行被删除

    D．筛选条件不能由用户自定义，只能由系统设定

33．在 Excel 中，假设在 A3 单元格存有一公式为 SUM(B$2:C$4)，将其复制到 B48 后，公式变为（　　）。

　　A．SUM(B$50:B$52)　　　　　　　B．SUM(D$2:E$4)

　　C．SUM(B$2:C$4)　　　　　　　　D．SUM(C$2:D$4)

34．在 Excel 中，执行"编辑"→"清除"菜单命令，不能实现（　　）。

　　A．清除单元格数据的格式　　　　　B．清除单元格的批注

　　C．清除单元格中的数据　　　　　　D．移去单元格

35．在 Excel 中，如果在单元格 A1 中输入"星期三"，那么选定该单元格后现向右拖动填充柄到 F1，则 F1 中应为（　　）。

　　A．星期日　　　B．星期一　　　C．星期二　　　D．星期三

36．在工作表 A1 单元格中输入公式"=LEFT(RIGHT("ABCDE123",6),3)"后回车，该单元格中显示结果为（　　）。

　　A．ABC　　　B．CDE　　　C．ABCD　　　D．123

37．已知单元格 A1、B1、C1、A2、B2、C2 中分别存放数值 1、2、3、4、5、6，单元格 D1 中存放着公式"=A1+$B$1+C1"，此时将单元格 D1 复制到 D2，则 D2 中的结果为（　　）。

　　A．6　　　B．12　　　C．15　　　D．#REF

38．在 Excel 单元格中输入字符型数据，当宽度大于单元格宽度时正确的叙述是（　　）。

　　A．多余部分会丢失

　　B．必须增加单元格宽度后才能录入

　　C．右侧单元格中的数据将丢失

　　D．右侧单元格中的数据不会丢失

39．在 Excel 单元格中输入数值–0.14，错误的输入方法是（　　）。

　　A．–.14　　　B．(.14)　　　C．–0.14　　　D．（–.14）

40．在 Excel 中，如果当前选定了 F1:G1 区域，那么当选择"插入"菜单中的"列"选项后，产生的空列数为（　　）。

　　A．1 个　　　B．2 个　　　C．3 个　　　D．4 个

41．在 Excel 中，选择"编辑"中的全选后，按 Delete 键，将（　　）。

　　A．删除当前单元格的内容

　　B．删除当前工作表的内容

　　C．删除当前工作簿的内容

　　D．从当前工作簿中删除当前工作表

42．假设在 B6 单元格中存储有公式"=SUM(B1:B4)"，将该公式复制到 C7 单元格后，公式将变为（　　）。

　　A．=SUM(B2:B5)　　　　　　　　B．=SUM(C2:C5)

　　C．=SUM(B3:B6)　　　　　　　　D．=SUM(C3:C6)

43．已知工作表中 K6 单元格中公式为"=F6*$D$4"，在第 4 行插入一行，则插入后 K7 单元格公式为（　　）。

　　A．= F6*$D$5　　　B．= F7*$D$4　　　C．= F6*$D$4　　　D．= F7*$D$5

三、判断题

1. Excel 工作表中，删除功能与清除功能的作用是相同的。 （　　）
2. 默认状态下，文本的水平对齐格式为"左对齐"。 （　　）
3. 可以在活动单元格的"编辑栏"输入或编辑数据。 （　　）
4. Excel 中不能选择不相邻的单元格区域。 （　　）
5. 在 Excel 中，所有操作都可以使用"常用"工具栏上的"撤销"按钮撤销。 （　　）
6. 一个 Excel 工作簿中工作表的数量可以无限制增加。 （　　）
7. 在 Excel 工作表中，选定某单元格，执行"编辑"→"删除"菜单命令，不能删除该列。 （　　）
8. Excel 将工作簿的每一张工作表分别作为一个文件来保存。 （　　）
9. 在 Excel 中，列标"Z"之后的列标是"AA"。 （　　）
10. 设置格式后，单元格中显示格式化后的结果，"编辑栏"显示实际存储的数字。 （　　）
11. 在 Excel 规定可以使用的运算符中，没有关系运算符。 （　　）
12. 工作簿窗口的"关闭"按钮和 Excel 主窗口的"关闭"按钮形状相同，功能也相同。 （　　）
13. 自动筛选功能就是将不满足条件的数据删除，只保留需要的数据。 （　　）
14. 活动单元格中显示的内容与数据编辑栏的"编辑栏"显示的内容相同。 （　　）
15. 分类汇总可以通过"撤消"来消除分类汇总。 （　　）
16. 工具栏上"升序"、"降序"按钮和菜单中的"数据"→"排序"命令，功能没有区别。 （　　）
17. 双击行号的下边格线，可以设置行高为刚好容纳该行最高的字符。 （　　）
18. 在 Excel 中，要删除某张工作表，用选中整张表后再按下 Delete 这种做法是行不通的。 （　　）
19. 在 Excel 工作表单元格的字符串超过该单元格的显示宽度时，该字符串可能只在其所在单元格的显示空间部分显示出来，多余部分被删除。 （　　）
20. 在 Excel 中，当公式中的引用单元格地址用的是绝对引用时，复制该公式到新的单元格后，新的单元格中将显示出错信息。 （　　）

四、简答题

1. 什么是工作簿、工作表、单元格？
2. 在单元格中可以输入哪些数据？如何向单元格中输入分数和负数？
3. 在 Excel 2003 中，清除单元格内容与删除单元格有什么区别？
4. 引用单元格地址有几种表示方法？举例说明。
5. 什么是 Excel 的公式？公式中常用的运算符有哪几类？
6. Excel 公式中运算符的优先级规则是什么？
7. 什么是函数？函数由哪几部分组成？举例说明。
8. 简述建立图表的操作步骤。
9. 在 Excel 2003 中，常用的图表类型有哪些？

10．试叙述进行分类汇总的操作步骤。

11．说明自动筛选与高级筛选有哪些不同之处？

12．请写出在 Excel 中要在 A1，A2，A3，A4，A5，A6，A7 中实现序列填充 2，4，8，16，32，64，128 的操作方法。

13．在 Excel 默认状态下，在 A1 单元格中输入"星期一"，然后使用鼠标左键拖动填充柄至单元格 A3，系统会自动在单元格 A2 和 A3 中分别填入"星期二"和"星期三"；在 B1 单元格中输入"第一回"，然后使用鼠标左键拖动至单元格 B3，结果系统在单元格 B2 和 B3 中均填入"第一回"，而不是分别填入"第二回"和"第三回"。试分析原因及给出解决方法。

14．Excel 表格如下图所示，按以下要求写出公式及主要操作步骤：

	A	B	C	D	E	F	G	H	I	J	K	L
1	职工号	姓名	职务工资	岗位津贴	其他补助	奖金	应发工资	水、电费	失业保险	养老保险	扣除费用	实发工资
2	A001	刘华东	567	345	145	500		118	150	200		
3	A002	张友	789	321	243	560		39	150	201		
4	A003	周到达	678	320	378	450		190	150	202		
5	A004	杨柳絮	976	357	310	630		120	150	203		
6	A005	王国宝	685	360	268	720		134	150	204		
7	A006	司马行	679	342	370	520		162	150	205		
8	A007	吴山东	498	321	310	560		121	150	206		
9	A008	孙环环	569	230	231	530		20	150	207		
10	A009	赵大山	480	260	190	510		60	150	208		

（1）使用公式计算 G2，K2，L2 单元格。

（2）采用填充方法计算其余职工的应发工资、扣除费用及实发工资。

15．有一班级期中考试成绩如下表，请完成操作并写出操作过程或步骤。

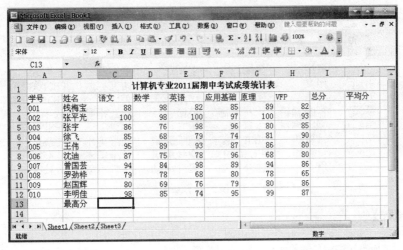

（1）将标题"计算机专业 2011 届期中考试成绩统计表"跨列居中。

（2）使用函数计算"钱梅宝"同学的总分及平均分。

（3）使用函数计算"语文"成绩的最高分。

（4）按"总分"对表格进行降序排列。

16．在 Excel 中，由下面左图所示的数据经过一些操作后，显示为右图所示的情况，写出简要的操作要点。

	A	B	C	D
1	商店	商品	库存	销售量
2	长安商场	冰箱	20	32
3	长安商场	空调	34	43
4	华联商场	冰箱	43	45
5	长安商场	空调	21	32
6	华联商场	冰箱	32	54
7	长安商场	彩电	54	53
8	风采商场	冰箱	32	43
9	风采商场	空调	45	24
10	长安商场	彩电	65	54
11				

	A	B	C	D
1	商店	商品	库存	销售量
2	长安商场	空调	34	43
3	长安商场	空调	21	32
4	风采商场	空调	45	24
5		空调 汇总	100	99
6	长安商场	彩电	54	53
7	长安商场	彩电	65	54
8		彩电 汇总	119	107
9	长安商场	冰箱	20	32
10	华联商场	冰箱	43	45
11	华联商场	冰箱	32	54
12	风采商场	冰箱	32	43
13		冰箱 汇总	127	174
14		总计	346	380
15				

5.5 上机练习

操作 1 创建工作表

【操作目的】

1．会 Excel 的基本操作；
2．掌握工作表的建立、编辑、保存方法；
3．能在工作表中正确的输入数据。

【操作内容】

创建如图 5-1 所示的课程表。

	A	B	C	D	E	F
1	课 程 表					
2		星期一	星期二	星期三	星期四	星期五
3	第1节	语文	数学	动画原画	语文	PHOTOSHOP
4	第2节	英语	语文	动画原画	英语	PHOTOSHOP
5	第3节	视频编辑	职业道德	英语	职业指导	数学
6	第4节	视频编辑	体育	语文	体育	职业道德
7	第5节	计算机	PHOTOSHOP	视频编辑	动漫美术	FLASH
8	第6节	计算机	PHOTOSHOP	视频编辑	动漫美术	FLASH
9	第7节	班会	课外活动	课外活动	课外活动	大扫除

图 5-1　课程表的基本数据

【操作步骤】

1．新建工作簿

启动 Excel 应用程序，系统自动产生一个新的空白工作簿"Book1"。如需要可单击"常用"工具栏上的"新建"按钮，继续新建一个工作簿。

2．输入表格数据

在 Sheet1 工作表中输入如图 5-1 所示的课程表数据。第二行中的星期一至星期五和第一列中的第 1 节至第 7 节用自动填充方式输入。

3．保存工作簿

以"课程表.xls"为工作簿名，将工作簿保存在"D:\ST"文件夹，并关闭该工作簿。

4．打开工作簿

执行"文件"→"打开"菜单命令，弹出"打开"对话框，在对话框中确定要打开文件的类型；文件所在的位置"D:\ST"；文件名"课程表.xls"，然后单击"打开"按钮将文件打开。

5．编辑工作表的数据

核查输入内容，使用插入和改写的方式对工作表中的错误数据进行修改。

6．插入与删除行、列和单元格

在第七行之前插入一空白行。单击选择第七行的"行号"，执行"插入"→"行"菜单命令，即可插入一空白行；

在第一列之前插入一空白列，方法与插入行相似；

在 A3 单元格（内容为"第一节"的左面单元格）输入"上午"，在 A7 单元格输入"中午"，在 A8 单元格（内容为"第五节"的左面单元格）输入"下午"。

7．移动与复制单元格

把 Sheet1 工作表的所有数据复制到 Sheet2 工作表。单击 Sheet1 工作表行号与列标交叉的全部选定按钮后，执行"编辑"→"复制"菜单命令，再单击 Sheet2 工作表标签，选定目标位置，执行"编辑"→"粘贴"菜单命令，即可完成复制。

8．工作表的基本操作

将工作表 Sheet1 重命名为"课程表"；将工作表 Sheet2 重命名为"课程表备份"；将工作表 Sheet3 删除。在工作表标签上单击右键可弹出快捷菜单，在快捷菜单中完成以上操作。

9．保存工作簿"课程表.xls"，退出 Excel。

操作 2　工作表的格式化

【操作目的】

1．能对工作表中的字符格式化；

2．能对单元格进行对齐、合并与行高列宽等设置的操作；

3．会设置表格线、底纹颜色和底纹图案。

【操作内容】

通过对课程表中字符的格式化，单元格的对齐与合并，设置表格线、底纹颜色和底纹图案等，完成如图 5-2 所示课程表。

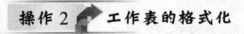

课　程　表					
节次　星期		星期一	星期二	星期三	星期四	星期五
上午	第1节	语文	数学	动画原画	语文	PHOTOSHOP
	第2节	英语	语文		数学	
	第3节	视频编辑	职业道德	英语	职业指导	英语
	第4节		体育	语文	体育	职业道德
中　午						
下午	第5节	计算机	PHOTOSHOP	视频编辑	动漫美术	FLASH
	第6节					
	第7节	班会	课外活动	课外活动	课外活动	大扫除

图 5-2　格式化课程表的效果

【操作步骤】

1. 打开"课程表.xls"工作簿。

2. 字符格式化

通过"格式"工具栏上的格式按钮可以设置：

（1）课程表标题的格式为：黑体、24磅、红色；

（2）表头(C2:G2)的格式为：黑体、12磅；

（3）第二列（第1节至第7节）的格式为粗体；

（4）其他数据的格式为：宋体、12磅。

3. 单元格的对齐与合并

通过"格式"工具栏上的"合并及居中"按钮▣、"居中"按钮▤可以设置：

（1）标题在所在的A1:G1单元格区域合并且居中；

（2）第一列在所在的A3:A6和A8:A10单元格区域分别为合并且居中，并调整文字为竖排；

（3）第七行所在的A7:G7单元格区域合并且居中；

（4）课程为连堂课的单元格区域合并且居中；

（5）表格中除A2:B2以外的其他单元格区域水平居中、垂直居中。

4. 设置行高和列宽

通过"格式"→"行"→"行高"或"列"→"列宽"菜单命令可以设置：

（1）表格第一行、第二行的高度为30，其他各行的高度为18；

（2）表格第一列的宽度为3.5，第二列宽度为8，其他各列的宽度为10。

5. 设置表格线

设置"课程表"的外表框线为粗线，表头行的下边框线为双线，其余边框线为细线。

6. 设置底纹颜色和底纹图案

通过执行"格式"→"单元格"菜单命令，打开"单元格格式"对话框，设置课程区域所在的单元格底纹颜色为"乳白"，其他单元格区域的颜色可根据自己的爱好设置。

7. 制作斜线表头

将A2:B2单元格合并，输入单元格右上端文本"星期"按"Alt+Enter"键，再输入左下端文本"节次"；用空格键调节上端文本"星期"靠单元格右边对齐；最后执行"格式"→"单元格"菜单命令，选择"边框"选项卡设置表头斜线。

8. 保存编辑的结果

关闭"课程表.xls"工作簿。

操作 3 工作表的计算与数据处理

【操作目的】

1. 掌握在工作表中使用自动求和、公式、常用函数进行数据计算的方法；

2. 掌握在工作表中使用排序、筛选、分类汇总进行数据处理的方法。

【操作内容】

通过对期末成绩统计表的公式、函数、排序、自动筛选、分类汇总等操作，掌握工作表的计算与数据处理功能。操作要求为：

1. 创建"考试成绩表"，如图 5-3 所示；
2. 计算每个学生的总分；
3. 计算每个学生的平均分；
4. 计算各科成绩的平均分；
5. 计算各科成绩的最高分；
6. 对数据按"总分"为关键字降序排序；
7. 自动筛选出"计算机"班"总分"大于 300 分的学生数据；
8. 按"班级"对数据项"平均分"分类汇总，汇总方式为最高分；
9. 保存编辑的结果，关闭"考试成绩表.xls"工作簿。

	A	B	C	D	E	F	G	H
1	计算机、汽修专业学生期末成绩统计表							
2	姓名	班级	语文	数学	英语	微机	总分	平均分
3	张彩云	计算机	98	78	89	98		
4	王佳	计算机	67	78	58	68		
5	李清开	计算机	97	89	79	96		
6	马春风	汽修班	79	90	69	85		
7	刘东燕	汽修班	96	88	72	96		
8	各科平均							
9	最高分							

图 5-3 考试成绩表

【操作步骤】

1. 启动 Excel，在 Sheet1 工作表中输入如图 5-3 所示的考试成绩表数据，将 Sheet1 工作表重命名为"成绩表"。以"考试成绩表.xls"为工作簿名保存文件。

2. 使用自动求和功能计算每个学生的总分。

选择区域 C3:G7，单击常用工具栏中"自动求和"按钮 Σ，即完成对选定区域的自动求和。

3. 使用公式计算每个学生的平均分。

（1）创建公式。选定 H3 单元格，在 H3 中输入公式"=(C3+D3+E3+F3)/4"后按 Enter 键，得到张彩云的平均分；

（2）复制公式。选定 H3 单元格，按住填充柄拖动至 H7 单元格，可用自动填充方式覆盖需要填充的区域，为其他学生计算平均分。

4. 使用常用函数计算各科平均分和最高分。

（1）用插入函数方法计算各科平均分：

选择存放平均值结果的 C8 单元格；单击编辑栏左面的"插入函数"按钮 f_x，打开"插入函数"对话框；选择求平均值的函数"AVERAGE"，单击"确定"；在打开的"函数参数"对话框 number1 中选择 C3:C7 单元格区域，单击"确定"。然后用自动填充方式计算其他各科平均分。

（2）用输入函数方法计算各科最高分：

在 C8 单元格中输入"=MAX(C3:C7)"后按 Enter 键，取得语文成绩的最高分，用自动填充方式，为其他各科计算最高分。

5．对数据按"总分"为关键字降序排序。

（1）把 Sheet1 工作表的所有数据复制到 Sheet2 工作表，将 Sheet2 工作表重命名为"排序"，选择"排序"工作表为当前工作表；

（2）选定"总分"一列中的某一单元格，单击常用工具栏中的降序排序按钮 ，即可实现按"总分"降序排序。

6．自动筛选出"计算机"班"总分"大于 300 分的学生数据。

（1）把 Sheet1 工作表的所有数据复制到 Sheet3 工作表，将 Sheet3 工作表重命名为"数据筛选"。选择"数据筛选"工作表为当前工作表；

（2）选择数据中的任一单元格，执行"数据"→"筛选"→"自动筛选"命令后，各字段名右下角显示一个下拉按钮 ，单击班级字段右的按钮 ，选择"计算机"；再选择总分字段右的按钮 ，选择"自定义…"，弹出"自定义筛选"对话框，选择"大于或等于"，在右侧对应的文本框中输入"300"，单击"确定"按钮。

7．按"班级"对数据分类汇总，汇总方式为平均分列的最高分。

（1）建立 Sheet1 工作表的副本至最后，右击 Sheet1 副本工作表标签，将 Sheet1 的副本工作表重命名为"分类汇总"，选择"分类汇总"工作表为当前工作表；

（2）将光标置于 B3，单击常用工具栏的"降序"按钮 ，然后执行"数据"中的"分类汇总"菜单命令，弹出"分类汇总"对话框，在分类字段中选择"班级"，汇总方式为"最大值"，在选定汇总项中选择"平均分"，单击"确定"按钮。

8．观察结果后，关闭"考试成绩表.xls"工作簿。

操作 4　创建图表和打印

【操作目的】

1．掌握建立图表的方法；
2．能对图表中对象的位置、大小及图表的字体修饰；
3．会打印区域和页面的设置；
4．能打印预览并打印工作表。

【操作内容】

创建一个学生成绩"簇状柱形图"图表，并经过修饰后打印输出，如图 5-4 所示。内容如下：

1．打开"考试成绩表.xls"工作簿；
2．建立"簇状柱形图"图表；
3．对图表中对象的位置、大小及图表的字体进行修饰；
4．进行页面设置；
5．打印预览并打印。

	A	B	C	D	E	F	G	H
1	计算机、汽修专业学生期末成绩统计表							
2	姓名	班级	语文	数学	英语	微机	总分	平均分
3	张彩云	计算机	98	78	89	98	363	
4	王佳	计算机	67	78	58	68	271	
5	李清开	计算机	97	89	79	96	361	
6	马春风	汽修班	79	90	69	85	323	
7	刘东燕	汽修班	96	88	72	96	352	

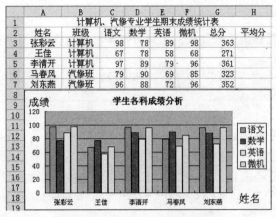

图 5-4　成绩表及图表效果

【操作步骤】

1．打开"考试成绩表.xls"工作簿，单击"成绩表"工作表标签。

2．建立图表

（1）选定"姓名"所在的单元格区域 (A2:A7)后，按住 Ctrl 键再选定四科成绩所在的单元格区域(C2:F7)，执行"插入"→"图表"菜单命令；

（2）在弹出的"图表向导-4 步骤之 1"对话框中选择"簇状柱形图"，单击"下一步"按钮；

（3）在弹出的"图表向导-4 步骤之 2"对话框中，单击"下一步"按钮；

（4）在弹出的"图表向导-4 步骤之 3"对话框中，输入标题名称"学生各科成绩分析"、分类轴名称"姓名"和数值轴名称"成绩"，单击"下一步"按钮；

（5）在弹出的"图表向导-4 步骤之 4"对话框中，选择"作为其中的对象插入"，单击"完成"按钮，图表建立完成。

3．图表修饰

（1）单击图表标题，依次单击"常用"工具栏中的字体选择"黑体"；字号选择"16"；

（2）适当移动图表的位置、改变图表大小、设置图表对象为理想的格式，如图 5-4 所示。

4．页面设置

执行"文件"→"页面设置"菜单命令，打开页面设置对话框，操作如下：

（1）设置页面：单击"页面"选项卡，选择方向为纵向，缩放比例为调整为 1 页宽，选择纸张大小为 B5；

（2）设置页边距：单击"页边距"选项卡，设置左右上下边距,设置居中方式为水平居中；

（3）设置页眉/页脚：单击"页眉/页脚"选项卡，单击"自定义页眉"按钮，在弹出的"页眉"对话框，左框输入"制表人：XX"，在中框输入"Excel 练习"，在右框插入"日期"按钮，单击"确定"；

（4）设置工作表(打印区域和打印标题)：单击"页面设置"对话框"工作表"选项卡，设置打印区域为 A1:H19，设置"顶端标题行"为"$2$2"，打印顺序为"先行后列"，单击"确定"按钮。

5．打印预览与打印

预览"成绩表"，观察是达到要求。如果有打印机，可在教师指导下打印工资表。

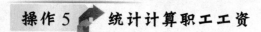

操作 5　统计计算职工工资

【操作目的】

1．会对数据设置条件格式；

2．会对工资表设置密码保护。

3．提高综合使用自动求和、公式及常用函数进行数据计算的能力；

【操作内容】

王佳同学应聘到一家公司，被分到了财务科做一名实习会计员，一天财务科的会计交给王佳一份工资表，并提出下列要求让他处理：

1．将工资表按图 5-5 的数据录入到 Excel 工作簿中；

2．将人民币数字用会计格式显示；

3．公司规定每人每月补助不能超过 300 元。为防止输入大于 300 元的错误数字，设置此区域数据的有效性为"0～300"；

4．计算每项工资的平均数；

5．计算每个人的应扣税金。

根据国家个人收入调节税扣税办法，个人月收入 2000 元以上开始纳税，超出部分在 500 元以内的按超出部分的 5%纳税。现假设本公司职工收入都在 2500 元以内，也就是都在第二个起征点以内来完成本题。（详细扣税比例因本题没有涉及所以不再列出）

6．计算实发工资；

7．对实发工资在 2000 元以上的数据用"条件格式"设置为加粗；

8．为防他人更改工作表的内容，对工资表设置密码保护，并保存工作簿。

	A	B	C	D	E	F	G
1	工资表						
2	编号	姓名	基本工资	绩效工资	福利补助	扣税金	实发工资
3	01	马东东	1735	380	200		
4	02	张南浩	1335	400	300		
5	03	王 清	1620	500	300		
6	04	吴天伟	1367	400	200		
7	05	赵冬冬	1920	320	200		
8	06	刘 平	1535	400	200		
9	07	李思云	1550	320	200		
10	08	马成功	1043	320	300		
11	09	韩五月	1555	380	200		
12	10	张 阳	1635	450	200		

图 5-5　会计交给王佳的工资表

【操作步骤】

1．启动 Excel 应用程序，将工资表按图 5-5 要求录入到 Excel 工作簿中，以"实习会计员.xls"为工作簿名保存文件。

2．选择数字区域 C3:G13，执行"格式"→"单元格"菜单命令，打开"单元格格式"

对话框，选择"数字"选项卡设置为"会计格式"。单击"确定"按钮，设置会计格式显示完成。

3. 选择"补助"区域 E3:E12，执行"数据"→"有效性"菜单命令，打开"数据有效性"对话框，设置有效性条件允许"整数"，数据"介于"最小值："0"，最大值："300"。单击"确定"按钮，可设置此区域数据的有效性为"0～300"。

4. 用 AVERAGE 函数计算每项工资的平均数。

5. 用 IF 函数计算应扣税金。

IF 函数格式为：IF（逻辑表达式，条件成立时的值，条件不成立时的值）。

当条件为多个时 IF 函数可嵌套，如本公司职员的收入限制在 2100 元以内，按题目假设扣税办法，应有三种情况：

① 收入不足 2000 元时，税金为 0 元；

② 收入超过 2000 元时，超过部分在 500 元以内，税金为"超过部分×5％"；

③ 收入超过 2000+500 元时，不在本公式计算范围内，显示"收入超限"。按此使用 IF 函数我们可以在 F3 单元格输入：

=IF((C3+D3+E3)-2000<0,0,IF((C3+D3+E3)-2000<500,(C3+D3+E3-2000)*0.05,"收入超限"))

计算出马东东的应扣税金后，用自动填充功能完成 F4:F12 的应扣税金计算。

6. 在 G3 中输入公式"=C3+D3+E3-F3"后按 Enter 键，得到马东东的实发工资。用自动填充功能完成 G4:G12 的实发工资。

7. 选择实发工资区域 G3:G12，执行"格式"→"条件格式"菜单命令，打开条件格式对话框，输入条件 1 为"单元格数值、大于、2000"，单击"格式"打开格式对话框，从中选择"加粗"，单击"确定"按钮，设置以条件格式突出显示超过 2000 元的数据完成。

8. 执行"工具"→"保护"→"保护工作表"菜单命令，输入保护密码，单击"确定"按钮，可对工作表密码保护。

F3	▼	fx	=IF((C3+D3+E3)-2000<0,0,IF((C3+D3+E3)-2000<500,(C3+D3+E3-2000)*0.05,"收入超限"))				
	A	B	C	D	E	F	G
1	工资表						
2	编号	姓名	基本工资	绩效工资	福利补助	扣税金	实发工资
3	01	马东东	￥ 1,735.00	￥ 380.00	￥ 200.00	￥ 15.75	￥ 2,299.25
4	02	张南浩	￥ 1,335.00	￥ 400.00	￥ 300.00	￥ 1.75	￥ 2,033.25
5	03	王 清	￥ 1,620.00	￥ 500.00	￥ 300.00	￥ 21.00	￥ 2,399.00
6	04	吴天伟	￥ 1,367.00	￥ 400.00	￥ 200.00	￥ -	￥ 1,967.00
7	05	赵冬冬	￥ 1,920.00	￥ 320.00	￥ 200.00	￥ 22.00	￥ 2,418.00
8	06	刘 平	￥ 1,535.00	￥ 400.00	￥ 200.00	￥ 6.75	￥ 2,128.25
9	07	李思云	￥ 1,550.00	￥ 320.00	￥ 200.00	￥ 3.50	￥ 2,066.50
10	08	马成功	￥ 1,043.00	￥ 320.00	￥ 300.00	￥ -	￥ 1,663.00
11	09	韩五月	￥ 1,555.00	￥ 380.00	￥ 200.00	￥ 6.75	￥ 2,128.25
12	10	张 阳	￥ 1,635.00	￥ 450.00	￥ 200.00	￥ 14.25	￥ 2,270.75

图 5-6 王佳处理完成的工资表

9. 处理完成的工作表如图 5-6 所示。保存编辑的结果，关闭"实习会计员.xls"工作簿。

操作 6 商品销售统计

【操作目的】

1. 掌握分类汇总进行数据处理的方法；

2．掌握建立图表的方法，能对图表中对象的位置、大小及图表的字体修饰；

3．会打印区域和页面的设置；并打印工作表。

【操作内容】

刘雪同学应聘到一家酒水饮品销售公司实习，在实习中她认真对一年的销售情况作了记录，并用 Excel 的知识进行了分析，通过对各种酒水饮品在每月的销售数量变化的整理，得出了季节与各类酒水饮品销量的大致规律，并形成了一份简单的报告。操作要求为：

1．将销量表按图 5-7 录入到 Excel 工作簿中；

2．对各种酒水饮品的月销售量按种类汇总；

3．制作出各类饮品的月销售量"数据点折线"图表；

4．把工作表和图表在一张纸中打印出来。

	A	B	C	D	E	F	G	H	I	J	K	L	M	N
1	商品销量统计													
2	商品名	种类	1月	2月	3月	4月	5月	6月	7月	8月	9月	10月	11月	12月
3	佳佳酸奶(箱)	酸奶	61	65	60	78	108	139	150	168	150	140	121	90
4	东利酸奶(箱)	酸奶	41	43	40	52	72	92	100	112	100	93	80	60
5	天仙牛奶(箱)	牛奶	78	85	77	72	69	48	33	29	41	60	71	79
6	明明牛奶(箱)	牛奶	182	197	179	169	161	112	77	67	95	141	167	183
7	新泉啤酒(瓶)	啤酒	50	80	56	91	162	248	380	410	295	230	69	55
8	东方家酿(瓶)	白酒	76	92	76	40	26	10	9	8	10	20	30	41
9	五谷白酒(瓶)	白酒	379	480	380	201	130	50	43	39	48	99	151	204

图 5-7　刘雪同学记录的销售情况

【操作步骤】

1．启动 Excel 应用程序，将销售数据录入到 Excel 工作簿中，以"销售数据分析.xls"为工作簿名保存文件。

2．对各种酒水饮品按种类分类汇总。将光标置于 B3，单击常用工具栏的"降序"按钮 Z↓，然后执行"数据"→"分类汇总"菜单命令，弹出"分类汇总"对话框，在分类字段中选择"种类"，汇总方式为"求和"，在选定汇总项中选择 12 个月份，单击"确定"按钮。

3．制作图表

（1）折叠数据表，只显示汇总项，选定"种类"所在的单元格区域 (B5:B13)后，按住 Ctrl 键再选定四个种类汇总项所在的单元格区域(C5:N13)，执行"插入"→"图表"菜单命令；

（2）在弹出的"图表向导-4 步骤之 1"对话框中，选择"数据点折线图"，单击"下一步"按钮；

（3）在弹出的"图表向导-4 步骤之 2"对话框中，单击"下一步"按钮；

（4）在弹出的"图表向导-4 步骤之 3"对话框中，输入标题名称"商品月销售分析"、分类轴名称"月份"、数值轴名称"销量"，单击"下一步"按钮；

（5）在弹出的"图表向导-4 步骤之 4"对话框中，选择"作为其中的对象插入"，单击"完成"按钮。图表建立完成如图 5-8 所示。

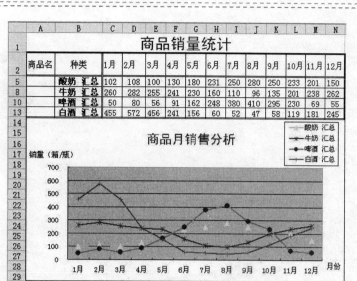

图 5-8 商品销量统计表的分析

4．预览是否符合要求，若不符合要求继续调整直至满意。如果有打印机，可在教师指导下打印工作表。

第  章

多媒体软件应用

6.1 学习目标

1. 了解多媒体技术及其软件的应用与发展；
2. 了解多媒体文件的格式，会选择浏览方式；
3. 会获取文本、图像、音频、视频等常用多媒体素材；
4. 会使用软件对图像进行简单加工处理；
5. 会使用和安装音频、视频播放软件；
6. 会使用软件对音频、视频文件进行格式转换；
7. 会使用软件对音频、视频文件进行简单编辑加工。

6.2 知识要点

一、多媒体技术及常用软件

（1）多媒体技术

多媒体技术是一种把文本、图形、图像、动画和声音等多种信息类型综合在一起，并通过计算机进行综合处理和控制，能支持完成一系列交互式操作的信息技术。

多媒体的关键技术主要有数据压缩技术、大规模集成电路制造技术、大容量光盘存储器和实时多任务操作系统等。

多媒体计算机就是在普通 PC 中增加了对声音、图像等多媒体的处理功能。

（2）多媒体文件格式

● 文本文件的格式有：TXT、DOC．PDF 等。

- 图片文件的格式有：BMP、JPG、PNG、GIF、TIF 等。
- 音频文件的格式有：WAV、MP3、MIDI 等。
- 视频文件的格式有：AVI、WMV、MPG、MOV、DAT、RM、RMVB 等。
- 动画文件的格式有：SWF、GIF 等。

（3）常用的多媒体软件
- 文本编辑处理软件：记事本、Microsoft Word
- 图像编辑处理软件：ACDSee 、Adobe Photoshop、CorelDRAW、光影魔术手
- 音频编辑处理软件：录音机 、GoldWave、Cool Edit
- 视频编辑处理软件：会声会影、Windows Movie Maker、Adobe Premiere
- 动画制作软件：Flash 、3ds max、 Maya
- 多媒体播放软件：Winamp、Windows Media Player、暴风影音、千千静听

二、收集整理多媒体素材

在日常工作、生活过程中，经常需要收集一些音乐文件、图片文件、动画文件和视频文件等多媒体素材。图片、视频一类的素材，可以通过数码相机或数码摄像机（DV）获得，也可以通过一些截图软件进行屏幕截图获得，而音频一类的素材，可以借助于录音软件、通过录音设备获得。另外，用户也可以通过网络非常方便地发获取这些素材。

（1）从网络上搜集图片、音频
- 通过百度、Google 等搜索引擎在网络上分类搜索并下载图片素材。
- 通过百度、Google 等搜索引擎在网络上分类搜索并下载音频素材。

（2）用 QQ 进行屏幕截图
- 登录 QQ，打开与好友对话窗口。
- 单击 QQ 面板上截图图标，执行弹出菜单中的"屏幕抓图"命令，或在相应设置后直接单击截图图标，鼠标指针变成彩色。
- 按住左键，拖动鼠标，选择需要的截图区域后，单击选择区域下方按钮栏中的"保存"按钮，保存截取内容。
- 对截取的图片进行简单编辑，添加图形、文字、箭头等。

（3）获取屏幕图像
- 使用 PrtScr 键，可以把屏幕图像保存到剪贴板。
- 使用抓图软件获取图像，如 SnagIt。

（4）用数码相机拍摄照片
用数码相机拍摄的照片都是以图像文件形式存在的数码照片，目前数码相机三大存储格式就是 RAW、TIFF 和 JPEG，其中，JPG 格式被广泛应用。

（5）用数码摄像机拍摄视频
目前数码摄像机的核心成像部件是 CCD 元件和 CMOS 器件。用数码摄像机拍摄获取的视频文件一般为 AVI 格式，如果需要作为素材应用到网络或其他地方，可以相应进行格式转换。

三、对图片进行加工处理

（1）ACDSee 是当今非常流行的专业级图片浏览软件。随着版本的更新，其图像处理功能也逐步增强。它能广泛应用于图片的获取、管理、浏览、优化和共享，目前已成为用户得心应手的图片处理工具。用户可以通过数码相机和扫描仪方便地获取图片，使用 ACDSee 对图片进行快速查找、组织、预览和处理。

作为一款专业级的图片浏览软件，它能快速、高质量地显示图片，如果再配以内置的音频播放器，用户还可以使用它来播放幻灯片。ACDSee 不但能处理常用格式的图片，还能浏览如 MPEG 等 50 多种常用多媒体格式的文件。

（2）ACDSee 的主要功能

● 浏览图片
● 调整曝光、颜色
● 消除红眼
● 相片修理、锐化，消除噪点，调整大小
● 图片剪裁、旋转，添加效果、文本等

（3）图像格式的转换

不同的图像格式，具有各自不同的特点。用户可以根据需要对图像模式进行转换。

转换图像格式的具体方法是：先用 ACDSee 将需要转换的图像文件打开，然后选择菜单中的"另存为"选项，从弹出的对话框中选择"保存类型"下的 BMP 或 JPG 等图像格式后，单击"保存"按钮即可。还可以使用"工具栏"的"转换文件格式"按钮。

四、对音频和视频进行加工处理

（1）用 Winamp 软件播放音频文件

● Winamp 程序主窗口由播放窗口、均衡器、播放列表窗口、歌词窗口等组成。这些窗口可以根据需要分别打开或关闭。

● Winamp 的播放窗口界面有"上一首"、"播放"、"暂停"、"停止"和"下一首"等按钮，可以利用这些按钮对正在播放的歌曲进行操作。

● Winamp 的播放列表窗口中会显示播放列表，播放列表可以被编辑。当退出 Winamp 的时候，播放列表依然会保存在 Winamp 中。

● 歌词窗口中显示正在播放的音频文件的歌词内容。

（2）用 GoldWave 软件处理音频文件

● GoldWave 可以实现对音频文件的截取、合并等操作。

● GoldWave 能够对音频文件进行其他编辑操作，如增加效果、批量处理（转换）等。

● 除了 GoldWave 以外，还有其他的音频处理软件，如 Cool Edit 等。

（3）用录音机软件录制编辑音频

使用 Windows 提供的录音机，可以录制、混合、播放和编辑声音，也可以将声音链接或插入到另一文档中。启动录音机的操作方法是：单击"附件"→"娱乐"→"录音机"。

（4）用 Windows Media Player 播放音频视频

Windows Media Player 是 Windows XP 集成的一个多媒体播放软件，可以播放和组织计算机及 Internet 上的数字媒体文件。此外，使用此播放机还可以收听 Internet 的电台广播、播放和复制 CD、创建自己的 CD、播放 DVD 等。

五、使用会声会影软件制作视频短片

（1）"会声会影"是一套操作简单、功能较强的 DV、HDV 影片剪辑软件。用这款软件可以直接捕获视频，具有电子相册制作、录像剪辑、字幕设计、音效设计、VCD 制作、DVD 制作等功能。

（2）制作视频短片的过程：

● 在会声会影软件中导入素材，包括图片、声音、视频等。通过鼠标拖动或菜单方式，将素材库中的素材添加到编辑区。

● 制作片头文字。调整片头文字在视频中的显示的位置和区间大小。

● 添加背景音乐。作为背景音乐，需要调整长度，适应视频的播放时间。

● 进行时间线编辑。时间线编辑包括素材位置和区间大小的调整。

● 添加转场效果。用鼠标拖动所需效果到两个素材之间，调整转场效果区间大小，即可完成影片中两个素材之间转场效果设置。

● 输出并保存视频。利用步骤面板上的"分享"，可以输出成视频文件或将视频短片记录到光盘。

6.3 例题解析

【例 1】_____是一种把文本、图形、图像、动画和声音等多种信息类型综合在一起，并通过计算机进行综合处理和控制，能支持完成一系列交互式操作的信息技术。

【答案】多媒体技术。

【分析】多媒体技术不是各种信息媒体的简单复合，它是能完成一系列交互式操作的信息技术。

【例 2】_____是用来计算数码影像的一种单位。

【答案】像素。

【分析】像素是由 Picture（图像）和 Element（元素）这两个单词的字母所组成的。

【例 3】_____是指投影图像最亮和最暗区域之间的比率，比值越大，从黑到白的渐变层次就越多，从而色彩表现越丰富。

【答案】对比度。

【分析】对比度对视觉效果的影响非常关键，一般说来，对比度越大，图像清晰醒目，色彩也越鲜明艳丽，而对比度小，则会让整个画面都灰蒙蒙的。

【例 4】_____就是数据传输时单位时间传送的数据位数，一般用的单位是 kbps，即千位每秒。

【答案】码率。

【分析】从视频方面来说，码率越高，被压缩的比例越小，画质损失越小。码率和质量成正比，与文件体积也成正比。但超过一定数值，对图像的质量没有多大影响。

【例5】图像分辨率指图像中存储的信息量。这种分辨率有多种，典型的是以_____（PPI）来衡量的。

【答案】每英寸的像素数。

【分析】图像分辨率和图像尺寸的值一起决定文件的大小及输出质量，该值越大图形文件所占用的磁盘空间也就越多。

【例6】多媒体作品与影视作品的主要区别是（　　）。

  A．共享性　　　　B．集成性　　　　C．交互性　　　　D．传播性

【答案】C。

【分析】此题涉及多媒体技术关键特性即信息体的多样化、集成性、交互性。而交互性是多媒体作品与影视作品的主要区别。

【例7】下列不属于文字资料的获取方式的是（　　）。

  A．键盘输入　　　B．扫描输入　　　C．抓图输入　　　D．语音输入

【答案】C。

【分析】目前文字资料的获取方式多种多样，主要有键盘输入、语音输入、扫描输入、手写识别等，用户可以根据自身的具体情况选择合适的输入方式。

【例8】在呈现文字资料时，最常做的修饰是（　　）。（选择一种恰当的）

  A．字体格式　　　B．字体颜色　　　C．文本框图　　　D．文字标签

【答案】A。

【分析】在软件中文字信息的呈现一般有文字标签、文本框、带滚动条的文本框、滚动字幕，但在编辑系统中呈现文字资料时，最常做的一种恰当的修饰选择字体格式。

【例9】在各种图像文件中，图像压缩比高，适用于处理大量图像场合的是（　　）。

  A．BMP 文件　　　B．JPG 文件　　　C．TIF 文件　　　D．PCX 文件

【答案】B。

【分析】BMP 是标准的 Windows 和 OS/ZM 图形、图像的基本位图格式，BMP 文件有压缩和非压缩之分，一般作为图像资源的，使用的都是非压缩的，JPG 格式使用 JPEG 方法进行图像数据压缩，压缩比很高，非常适用于要处理大量图像的场合，TIF 格式的文件分压缩和非压缩两大类，PCX 文件使用行程长度编码 RLE 方法进行压缩，压缩比适中。

【例10】下列不属于图形、图像编辑软件的是（　　）。

  A．Photoshop　　　B．Imageready　　　C．CorelDRAW　　　D．3ds Max

【答案】D。

【分析】常用的图形、图像编辑软件除了 A、B、C 之外还有美图秀秀、Windows 下的画笔等，而 3ds Max 属于三维动画的创作软件。

【例11】MPEG 的中文含义是（　　）。

  A．静态图像专家小组　　　　　　　　B．动态图像专家小组

  C．视频编码国际标准　　　　　　　　D．乐器数字接口

【答案】B。

【分析】MPEG 是指动态图像专家小组，它提出了一种电视图像和声音编码的国际标准，

而 JPEG 是静态图像专家小组，MIDI 指乐器数字接口。

【例 12】进入 ACDSee 图像浏览模式后，执行（   ）菜单下的"编辑模式"命令可以打开图像编辑工具栏。

      A．工具   B．查看   C．修改   D．编辑

【答案】C。

【分析】本题是考查 ACDSee 软件的基本操作。

【例 13】以下格式中不属于动画文件格式的是（   ）。

      A．GIF   B．WMA   C．FLIC   D．SWF

【答案】B。

【分析】本题考查的知识点是动画文件的格式，其中 WMA 是视频格式。

【例 14】小刚从网上下载了一些文件到 C：/download 文件夹下，这些文件的扩展名分别是 PNG、PDF、MPG、WAM、WMV、MP3、GIF，如何将其中的图像文件格式转换为 JPEG 格式？

【答案】方法 1：用 ACDSee 将需要转换的图像文件打开，执行"文件"菜单中的"另存为"命令，从弹出的对话框中选择"保存类型"为 JPEG 图像格式，单击"保存"按钮。

方法 2：在 ACDSee 中双击需要转换的图片，进入详细浏览模式，单击"工具栏"的"转换文件格式"按钮，选择要转换的格式为 JPEG，单击"下一步"按钮即可。

【分析】图像文件为 PNG、GIF 两种，要转换文件格式可用两种方法来实现，一种是"文件"菜单，另一种是"工具栏"的"转换文件格式"按钮。

【例 15】分别指出 Windows 系统中下列工具软件所处理的媒体。

（1）记事本（2）画图（3）录音机（4）CD 唱机（5）媒体播放器

【答案】（1）记事本处理文本；

（2）画图处理图像；

（3）录音机处理音频；

（4）CD 唱机处理音频；

（5）媒体播放器用于播放音频、视频等文件。

【分析】本题是考查媒体工具所处理的多媒体数据类型。

6.4 巩固练习

一、填空题

1．从媒体的元素划分，多媒体可分为_____、_____图像、音频、动画和_____等。

2．多媒体的关键技术主要有_____、大规模集成电路制造技术、大容量光盘存储器和实时多任务操作系统等。

3．文字资料的存储格式有_____、_____、WPS、RFT 等。

4．图形文件的最大优点是所占用的存储空间_____，放大输出时图形_____失真。

5．在网页中的图片上右键单击图片，执行弹出菜单中的_____命令，可以保存图片。

6．用百度搜索音频文件时，在搜索栏中输入相关问题后，需单击_____选项。

7. 目前数码摄像机的核心成像部件仍是_____和_____。

8. ACDSee 是较为流行的_____软件。

9. 动画中播放的每一幅画面称为_____。

10. _____意为联合图像图形专家小组，这个小组是由国际标准化组织和当时国际电报电话咨询会联合组织的一个技术委员会。

11. 位图适合于表现含有大量细节的画面，与矢量图相比，位图占用的存储空间_____。

12. _____是影视作品和多媒体作品的主要区别。

13. 在 ACDSee 主界面中选择要浏览的图片后，_____图片便可进行详细浏览。

14. 在 ACDSee 中，对于多张图片可以采取_____和_____两种方式进行浏览。

15. ACDSee 还包含了大量的_____工具，可用于创建、编辑、润色数码图像。

16. GoldWave 是一款_____软件。

17. Windows 自带的视频播放软件是_____。

18. 会声会影是一款_____软件。

19. 会声会影中的素材库分类中有_____、_____、_____、_____等选项。

20. 会声会影中添加背景音乐时，除了可以从素材库拖动音频文件到编辑区外，还可以_____。

21. 会声会影中，利用步骤面板上的"分享"选项，可以把编辑好的视频保存成视频文件，也可以将影片_____。

22. 滤镜主要的作用是用来实现图像的各种_____。

二、选择题

1. 计算机多媒体技术是指计算机能接受、处理和表现（　　）等多种信息媒体的技术。
   A. 中文、英文、日文和其他文字　　　　B. 硬盘、键盘和鼠标
   C. 文字、声音和图像　　　　　　　　　D. 拼音码、五笔字型和全息码

2. 以下不属于多媒体动态图像文件格式的是（　　）。
   A. AVI　　　　　B. MPG　　　　　C. ASF　　　　　D. BMP

3. 下面列举的多媒体文件格式中，属于视频文件的是（　　）。
   A. .wma　　　　B. .wmv　　　　C. .wav　　　　D. .pdf

4. 下面关于多媒体计算机的叙述，正确的是（　　）。
   A. 多媒体计算机是为多媒体应用而设计的特殊机器，它不是 PC
   B. 多媒体计算机是由多个 CPU 组成，每个 CPU 处理一种媒体
   C. 多媒体计算机就是在普通 PC 中增加了对声音、图像等多媒体的处理功能
   D. 多媒体计算机中能进行多媒体处理工作，而不具有普通 PC 所具有的功能

5. 以下说法不属于多媒体计算机常用的图像输入设备的是（　　）。
   A. 扫描仪　　　B. 数字化仪　　　C. 摄像机　　　D. 数码照相机

6. 以下不属于多媒体静态图像文件格式的是（　　）。
   A. GIF　　　　　B. MPG　　　　　C. BMP　　　　　D. PCX

7. 以下不属于多媒体应用的是（　　）。

  A．CAI   B．GIS   C．电子游戏   D．CD 机

8．下列配置中哪些是 MPC 必不可少的（　　）。

① CD-ROM 驱动器   ② 高质量的音频卡

③ 高分辨率的图形、图像显示   ④ 高质量的视频采集卡

  A．①   B．①②   C．①②③   D．全部

9．获得文本的途径主要有（　　）。

①键盘录入 ②文件导入 ③OCR 录入 ④语音识别

  A．①③   B．①④   C．①③④   D．全部

10．扫描仪的分辨率以（　　）为单位。

  A．PPI   B．DPS   C．PPS   D．DPI

11．不属于文字输入设备的是（　　）。

  A．键盘   B．扫描仪   C．刻录机   D．手写板

12．用麦克风录音时，需将麦克风插入声卡的（　　）插孔中。

  A．Line in   B．Line out   C．游戏/Midi   D．Mic in

13．声卡的核心部分是（　　）。

  A．波表合成芯片   B．声音处理主芯片

  C．混音处理芯片   D．功率放大芯片

14．多媒体的关键特性是指（　　）。

① 信息载体的多样化 ② 多媒体的交互性

③ 多媒体的娱乐性 ④ 多媒体的集成性

  A．①③   B．①④   C．①②④   D．全部

15．在各种图像文件中，图像压缩比高，适用于处理大量图像的场合的是（　　）。

  A．BMP 文件 B．JPG 文件 C．TIF 文件 D．PCX

16．CD 唱片的采样率是（　　）Hz。

  A．11025   B．22050   C．44100   D．48000

17．在多媒体计算机中常用的图像输入设备是（　　）。

①数码照相机 ②彩色扫描仪 ③视频信号数字化仪 ④彩色摄像机

  A．①   B．①②   C．②④   D．全部

18．以下不属于图像文件格式的是（　　）。

  A．BMP   B．GIF   C．MPG   D．JPG

19．以下不是图形基本特点的是（　　）。

  A．存储空间小   B．放大时失真

  C．放大时不失真   D．容易移动、变形

20．图像处理时考虑的因素主要有（　　）。

①图像的分辨率 ②图像颜色位深度 ③图像是否失真 ④图像文件大小

  A．①③   B．①④   C．①②④   D．全部

21．图像分辨率的单元是（　　）。

  A．dpi   B．ppi   C．lpi   D．pixel

22．CMYK 模式的图像有多少个颜色通道（　　）。

　　A. 1　　　　　　B. 2　　　　　　C. 3　　　　　　D. 4

23. 下面（　　）图像格式文件最小。

　　A. jpeg　　　　B. bmp　　　　　C. psd　　　　　D. doc

24. 以下不是视频文件格式的是（　　）。

　　A. AVI　　　　B. MOV　　　　　C. JPG　　　　　D. MPG

25. 下列文件格式中占据存储空间最大的是（　　）。

　　A. AVI　　　　B. JPG　　　　　C. 3DS　　　　　D. TXT

26. 以下不是音频文件格式的是（　　）。

　　A. MIDI　　　　B. WAV　　　　　C. DIR　　　　　D. CD-DA

27. 关于 Windows 系统中的多媒体功能，下列说法错误的是（　　）。

　　A. 录音机可以录音、保存、播放、剪辑声音文件

　　B. 录音机录制的文件格式是 WAV

　　C. 录音机一次可以录制任意长度的声音

　　D. 录音机能一次只可以录制 60 秒的声音

28. 以下新型电子产品是由 MPEG 技术产生出来的是（　　）。

①MP3　　　②VCD　　　③DVD　　　④CD

　　A. ①②③　　　B. ①④　　　　　C. ①③④　　　　D. 全部

29. 进入 ACDSee 图像浏览模式后，执行（　　）菜单下的"编辑模式"命令可以打开图像编辑工具栏。

　　A. 工具　　　　B. 查看　　　　　C. 修改　　　　　D. 编辑

30. ACDSee 图像编辑系统中，要调节图片的光线，可编辑面板中的（　　）命令。

　　A. 曝光　　　　B. 色彩　　　　　C. 红眼　　　　　D. 锐化

31. 要将图片文件制作成幻灯片，可使用（　　）菜单中的"设置屏幕保护"命令。

　　A. 工具　　　　B. 创建　　　　　C. 修改　　　　　D. 编辑

32. ACDSee 中要调整图像的大小，改变高、宽比例的方法包括（　　）。

　　A. 按像素调整　　　　　　　　B. 按百分比调整

　　C. 按实际打印大小调整　　　　D. 以上均是

33. ACDSee 的浏览功能，下列说法正确的是（　　）。

　　A. 只能浏览各种图片文件

　　B. 可以采用普通浏览和全屏幕浏览两种模式

　　C. 可以浏览所有 FLASH 动画文件

　　D. 可以浏览所有音频、视频文件

34. 下列选项中，不是 Windows 9X 操作系统自带多媒体处理工具的是（　　）。

　　A. 写字板　　　B. 画笔　　　　　C. 超级解霸　　　D. 媒体播放器

35. 下列软件中，不属于音频处理软件的是（　　）。

　　A. Windows 录音机　　　　　　B. CoolEdit Pro

　　C. GoldWave　　　　　　　　　D. HyperSnap-DX

36. 格式工厂 FormatFactory 软件不能转换的文件格式是（　　）。

　　A. .flv　　　　B. .wmv　　　　　C. .3gp　　　　　D. .doc

三、判断题

1．ACDSee 的许多图像管理工具可以同时在多个文件上执行。　　　　　　（　　）
2．多媒体系统除了硬件部分外，还必须要有软件系统的支持。　　　　　（　　）
3．wma 格式是视频文件格式。　　　　　　　　　　　　　　　　　　　（　　）
4．音频素材可以利用软件从视频素材中提取。　　　　　　　　　　　　（　　）
5．利用搜索引擎在网络上搜索歌曲时，在搜索栏中输入歌曲名后，单击"网页"选项。
　　　　　　　　　　　　　　　　　　　　　　　　　　　　　　　　（　　）
6．用 QQ 的屏幕抓图功能截取的图片，可以不用保存而直接发送给好友。（　　）
7．用数码摄像机拍摄获取的视频文件一般为 AVI 格式。　　　　　　　　（　　）
8．ACDSee 自带的图片编辑器可以给图片添加文字。　　　　　　　　　　（　　）
9．使用 ACDSee，用户可以从数码相机和扫描仪中高效获取图片，并进行便捷的查找、组织和预览。　　　　　　　　　　　　　　　　　　　　　　　　　　　　（　　）
10．如果保持图像尺寸不变，将图像分辨率提高一倍，则其文件大小增大为原来的两倍。
　　　　　　　　　　　　　　　　　　　　　　　　　　　　　　　　（　　）
11．越高位的像素，其拥有的色板也就越丰富，越能表达颜色的真实感。　（　　）
12．对比度越高图像效果越好，但色彩不鲜明。　　　　　　　　　　　　（　　）
13．gif 文件最多有 256 种颜色。　　　　　　　　　　　　　　　　　　　（　　）
14．ACDSee 可以根据用户设置生成幻灯片。　　　　　　　　　　　　　　（　　）
15．Winamp 不仅能够播放歌曲，还能够对音频文件进行编辑。　　　　　（　　）
16．Windows Media Player 只能播放视频文件，不能播放 CD 文件。　　　（　　）
17．在用"会声会影"对视频素材进行编辑进，可以添加多个标题。　　　（　　）
18．用 Windows Media Player 媒体播放机可以为电影添加音轨，编辑背景音乐。（　　）
19．格式工厂只能转换视频格式为 FLV 格式。　　　　　　　　　　　　　（　　）
20．从视频方面来说，码率越高，被压缩的比例越小，画质损失越少。码率和质量成正比，与文件体积成正比。也就是说无论码率多大，对图像质量仍有多大的影响。（　　）

四、简答题

1．请列举多媒体文件的常见格式及对应的常用多媒体软件。
2．如何获取文本、图像、音频、视频等常用多媒体素材？
3．如何从网络上搜索并下载关于歌唱祖国的音频文件。
4．如何将自己喜欢的照片制作成屏幕保护程序？
5．简述用 ACDSee 消除照片红眼的操作方法。
6．使用 ACDSee 自动浏览图片时，如何修改过渡效果和浏览速度？
7．用数码相机拍摄的照片因光线不好发暗，用 ACDSee 如何调整？
8．如何用 Winamp 建立播放列表？
9．简述用 Cool Edit 制作手机铃声的方法。
10．简述用会声会影制作视频短片时添加文字标题的方法。
11．如何用格式工厂来实现转换音视频格式？

6.5 上机练习

操作 1 搜集多媒体素材

【操作目的】

1．掌握收集、整理多媒体素材的方法。

2．掌握利用多媒体工具软件处理素材的基本方法。

【操作内容】

1．收集、整理多媒体素材；

2．处理多媒体素材。

【操作步骤】

1．收集、整理今年的感动中国人物的多媒体素材

（1）打开 IE 浏览器，在地址栏输入 www.baidu.com，打开百度网站主页面。

（2）输入"XX 年感动中国人物"或类似文字内容，选择"网页"，单击"百度一下"，查找适合的文字材料，下载到指定位置，如"文字素材"文件夹。

（3）在百度网站搜索栏内输入"XX 年感动中国人物"或类似文字内容，单击"图片"选项，查找适合的图片素材，下载到指定位置，如"图片素材"文件夹。

（4）在百度网站搜索栏内输入"XX 年感动中国人物"或类似文字内容，单击"音频"选项，查找适合的声音文件素材，下载到指定位置，如"音频素材"文件夹。

（5）在百度网站搜索栏内输入"XX 年感动中国人物"或类似文字内容，单击"视频"选项，查找适合的视频素材，下载到指定位置，如"视频素材"文件夹。

2．处理多媒体素材

（1）用 Word 等字处理软件对"文字素材"文件夹中的文本材料进行编辑、整理，得到符合需要的文字材料。

（2）打开 ACDSee 软件，对收集到的图片进行整理，挑选符合需要的图片，用 ACDSee 或光影魔术手进行相应的编辑、处理，如边框、阴影、添加文字、水印、效果等，保存。

（3）打开 GoldWave 或 Cool Edit 软件，对下载的音频文件试听后，进行相应的加工处理，截取、合并等，保存。

（4）视频文件的处理，可以直接在用"会声会影"编辑视频短片时进行，也可以先运用其他的视频处理软件如"视频编辑专家"等进行编辑处理后，保存成需要的视频文件。

操作 2 运用 ACDSee 浏览处理图像

【操作目的】

1．能够启动和退出 ACDSee；

2．掌握运用 ACDSee 浏览图像的方法；

3．掌握运用 ACDSee 处理图像的方法。

【操作内容】

1．浏览图片；

2．裁切图片、添加效果和文字；

【操作步骤】

1．浏览图片

（1）启动 ACDSee。

（2）在"文件夹"窗口中选择图片文件夹，对文件夹内的图片进行浏览。

2．为图片添加效果和文字

（1）右键单击选择要修改的图片，在弹出的对话框中选择"编辑"→"编辑模式"命令，打开图片编辑对话框。

（2）选择编辑面板主菜单中的"裁剪"菜单，对图片进行适当的裁切。

（3）选择编辑面板主菜单中的"效果"菜单，为图片添加需要的效果。

（4）返回编辑面板主菜单，选择"添加文本"菜单项，打开"编辑面板：添加文本"窗口，为图片添加文字信息，并设置字体、颜色、投影、斜角等设置。

（5）根据需要选择编辑面板中的相应菜单，对图片进行适当的编辑修改。

（6）退出 ACDSee。

操作 2　制作"年度感动中国人物"的视频短片

【操作目的】

1．掌握"会声会影"软件的使用方法；

2．掌握运用"会声会影"制作视频短片的方法；

【操作内容】

使用"会场会影"创建视频短片。

【操作步骤】

（1）双击桌面上"会声会影"快捷方式图标，启动"会声会影"软件。

（2）在"素材库分类"列表中选择"图片"选项，将"图片素材"文件夹中加工、处理好的图片导入素材库。在素材库中选择需要的图片，拖放到编辑区域。

（3）在"素材库分类"列表中选择"视频"选项，将"视频素材"文件夹中的视频素材导入素材库。在素材库中选择需要的视频，拖放到编辑区域。

（4）在编辑区对图片、视频素材进行编辑，包括时间、位置等，使之符合要求。

（5）用鼠标单击"素材库分类"下拉菜单，执行"转场"命令，对编辑栏中的图片素材设置不同的转场效果。

（6）在素材库分类下拉列表中选择"音频"，将"音频素材"文件夹下的音频素材添加到素材库。选择素材库中的音频素材，用鼠标拖动到编辑区域的音乐轨上。用鼠标拖动音频素材左、右两侧，调整音频素材的长度，使之与影片长度匹配，以达到同步播放的效果。

（7）在素材库分类下拉列表中选择"标题"，然后将预设的文字拖到标题轨上。用鼠标单击标题素材，使此标题处于选中状态，修改标题文字，如"XX 年感动中国人物"，设置标题文字效果，调整标题文字处在视频中显示的位置。

（8）试播放，根据时间、内容等要求进一步调整各素材及短片中其他组成元素的设置，直至符合要求。

（9）单击步骤面板上的"分享"，创建视频文件或记录成光盘。

操作 4　其他多媒体软件的使用

【操作目的】

1．了解其他多媒体处理软件的功能及使用方法；
2．掌握音频视频文件格式转换的方法；

【操作内容】

下载安装并使用其他的多媒体软件。

【操作步骤】

（1）从网上下载并安装 Winamp 软件，了解其基本功能，尝试用它来播放音频文件，并比较与同类软件有什么异同点。

（2）从网上下载并安装千千静听软件，了解其基本功能，尝试用它来播放音频文件，并比较与同类软件有什么异同点。

（3）从网上下载并安装暴风影音软件，了解其基本功能，尝试用它来播放音频视频文件，并比较与同类软件有什么异同点。

（4）了解 Windows 自带的 Windows Movie Maker 软件的基本功能，尝试用它来制作电子相册，并比较与会声会影软件有什么异同点。

（5）从网上下载并安装格式工厂软件，了解其基本功能，尝试用它来对音频视频文件进行格式转换。

第 **7** 章

制作演示文稿

7.1 学习目标

1. 理解演示文稿的基本概念；
2. 熟练创建、编辑、保存演示文稿；
3. 会使用不同的视图方式浏览演示文稿；
4. 熟练更换幻灯片的版式；
5. 会使用幻灯片母版；会设置幻灯片背景、配色方案；
6. 熟练插入、编辑剪贴画、艺术字、自选图形等内置对象；
7. 会在幻灯片中插入图片、音频、视频等外部对象；
8. 会在幻灯片中建立表格与图表；
9. 会创建动作按钮、建立超链接；
10. 会设置幻灯片对象的动画方案；
11. 会设置幻灯片切换方式、演示文稿的放映方式；
12. 会对演示文稿打包，生成可独立播放的演示文稿文件。

7.2 知识要点

一、创建 PowerPoint 演示文稿

演示文稿由多张包括文字、图形、多媒体等各种对象的幻灯片组成，一个演示文稿就是一个 PowerPoint 文件，其扩展名为.PPT。

1. 认识 PowerPoint

PowerPoint 的窗口界面主要包括：

（1）幻灯片编辑区：用来编辑或浏览幻灯片的内容。

（2）"大纲"和"幻灯片"选项卡：用来显示大纲内容或幻灯片的缩略图，拖动缩略图的位置可以调整幻灯片的顺序。

（3）任务窗格：包括"创建演示文稿"、"幻灯片版式"、"幻灯片设计"等多个任务窗格，单击任务窗格的下拉按钮，可以通过下拉列表方便地进行任务窗格的切换。

（4）备注编辑区：用来编辑幻灯片的备注。备注通常是对幻灯片的解释、介绍或演讲者的备注等，放映时观众看不到。

（5）视图切换栏：位于窗口左下角，从左到右依次排列的三个按钮 回 器 早，分别对应的是普通视图、幻灯片浏览视图、幻灯片放映，单击不同的按钮，可以实现视图切换和幻灯片放映。

● 普通视图：是默认视图，也是主要的编辑视图，可用于撰写或设计演示文稿。

● 幻灯片浏览视图：列出了演示文稿中的所有幻灯片的缩略图，可以很容易地添加、删除和移动幻灯片及选择幻灯片的动画切换方式。

● 幻灯片放映视图：整张幻灯片的内容占满了计算机屏幕，这就是演示文稿在计算机上的放映效果。

2. 新建幻灯片和设置幻灯片版式

（1）插入新幻灯片

执行"插入"→"新幻灯片"菜单命令，即可在演示文稿中插入一张新的幻灯片。

（2）设置幻灯片版式

执行"格式"→"幻灯片版式"菜单命令，此时任务窗格切换为"幻灯片版式"。浏览幻灯片版式的缩略图，为新幻灯片选择一种版式。

● 版式：是幻灯片上的标题、文本、图片表格等内容的布局形式。版式由占位符组成。

● 占位符：就是幻灯片中出现的虚线方框，它是幻灯片上的标题、文本、图形等对象在幻灯片上所占的位置。占位符其实就是文本框。

（3）放映演示文稿

① 单击"幻灯片放映视图"按钮，从当前幻灯片开始放映演示文稿。

② 单击"F5"或者执行"幻灯片放映"→"观看放映"菜单命令，从第一张幻灯片开始放映演示文稿。

3. 演示文稿的基本编辑

（1）移动幻灯片

在普通视图的"大纲与幻灯片选项卡"或幻灯片浏览视图中，选中要移动的幻灯片，按下鼠标左键，拖动要移动的幻灯片，当黑线移动到目标位置后，松开鼠标完成幻灯片的移动。

（2）复制幻灯片

在普通视图的"大纲与幻灯片选项卡"或幻灯片浏览视图中，选中要复制的幻灯片，"编辑"→"复制"菜单命令，然后移动到要粘贴位置的前一张幻灯片处执行"编辑"→"粘贴"

菜单命令，完成幻灯片的复制。

（3）删除幻灯片

在演示文稿的编辑过程中删除不需要的幻灯片时，在普通视图的"大纲与幻灯片选项卡"或幻灯片浏览视图中单击选中的要删除的幻灯片，按下 Delete 键删除幻灯片。

4．保存演示文稿

（1）完成对新文稿的编辑后，执行"文件"→"保存"/"另存为"命令。

（2）在工具栏里找到"保存"按钮并单击。

（3）使用"保存"命令的快捷键，在键盘上使用 Ctrl+S 组合键。

二、修饰演示文稿

1．设置演示文稿背景和填充

右键单击幻灯片空白处，从快捷菜单中选择"背景"命令，单击下拉箭头，选择"填充效果"命令，可以打开"填充效果"对话框。

2．使用幻灯片母版

幻灯片母版用于设置幻灯片的样式，它包含了幻灯片文本和页脚等占位符。修改母版的内容之后，可以将更改后的样式应用在所有相关的幻灯片上。在 PowerPoint 演示文稿的制作过程中，可以通过修改母版在所有幻灯片中加入相同的对象，使制作的演示文稿风格一致。

执行"视图"→"母版"→"幻灯片母版"菜单命令，可对幻灯片的母版进行编辑。

3．应用设计模板

设计模板是演示文稿的一种外观设计方案，它可以为文稿中所有幻灯片产生统一的文字格式、颜色设置及总体布局等。

PowerPoint 提供了几十种不同风格的设计模板。

（1）打开要编辑的演示文稿，执行"格式"→"幻灯片设计"菜单命令，切换到"幻灯片设计"任务窗格，选择"设计模板"。

（2）光标指向某一缩略图时，会显示出该模板的名称并出现下拉按钮。单击需要的模板缩略图，则该模板应用于演示文稿中所有幻灯片。

每个设计模板均带有一套配色方案，配色方案就是幻灯片的背景、文本、填充、阴影、标题等八种对象的色彩组合，在应用设计模板后，还可以根据需要重新选择或自定义设计模板的配色方案。具体操作方法如下：

（1）在"幻灯片设计"任务窗格中，单击"配色方案"，显示配色方案任务窗格。

（2）浏览配色方案，单击所选择的配色方案的下拉按钮，选择"应用于所选幻灯片"，则所选择的配色方案即可应用于演示文稿中。

三、编辑演示文稿对象

1．插入剪贴画

（1）执行"插入"→"图片"→"剪贴画"菜单命令，进入"插入剪贴画"任务窗格，在"搜索文字"文本框中，键入剪贴画的类型。

（2）在"搜索范围"下拉列表中选择"所有收藏集"。在"结果类型"下拉列表中选择"所有媒体文件类型"。

（3）单击"搜索"按钮，并在"结果"列表中，选择剪贴画，即可将其插入到幻灯片中。

2．插入图片

执行"插入"→"图片"→"来自文件"菜单命令，出现"插入图片"对话框，选择图片存放的位置及文件名，确认后所选图片插入到文档中。

可以使用"图片工具栏"对图片进行相应的编辑操作。

3．插入艺术字

执行"插入"→"图片"→"艺术字"菜单命令，出现"'艺术字'库"对话框，选择一种式样，确认后在出现的"编辑'艺术字'文字"对话框中输入文字。

可以使用"艺术字工具栏"对图片进行相应的编辑操作。

4．插入自选图形

执行"插入"→"图片"→"自选图形"菜单命令，或者通过"绘图工具栏"来插入和编辑自选图形。

5．插入音频视频文件

执行"插入"→"影片和声音"→"文件中的声音"、"文件中的影片" 菜单命令，可以实现外部对象音频、视频的插入工作。

6．插入表格

（1）执行"插入"→"表格"命令，进入"插入表格"对话框。

（2）在行、列数输入框内分别输入所需的行数和列数，单击"确定"按钮，表格即出现在幻灯片中。调整表格线及表格位置后可以输入相应内容。

7．绘制组织结构图

组织结构图可以形象的表示组织结构关系，它通常是自上而下的树型结构。利用PowerPoint 可以方便、迅速地在幻灯片中绘制组织结构图。

（1）新建一张幻灯片，执行"插入"→"图示"菜单命令，打开"图示库"对话框。

（2）在"图示类型"列表中选择"组织结构图"，单击"确定"按钮，即可在幻灯片中插入组织结构图，屏幕同时出现"组织结构图"工具栏。

（3）选中组织结构图中不同图框，通过"组织结构图"工具栏的"插入形状"下拉菜单中的相应命令，插入所需的图框，完善组织结构图。

（4）依次输入结构图中各图框的内容完成组织结构图的绘制。

单击"组织结构图"工具栏的"自动套用格式"按钮"⬥"，可以通过"组织结构图样式库"改变样式；使用 Delete 键，删除组织结构图中的图框；通过"格式"菜单的"组织结构图"命令，更改组织结构图的填充颜色和线条颜色，使它变得更美观。

8．插入数据图表

（1）执行"插入"→"图表"菜单命令，启动"MS Graph"图表应用程序，在数据窗口中清除原有数据，输入所用到的数据。

（2）执行"图表"→"图表类型"菜单命令，打开"图表类型"对话框，可以选择其他图表类型。

（3）执行"图表"→"图表选项"菜单命令，打开"图表选项"对话框，在其中设置图表的标题、坐标轴、图例、网格线等选项。

（4）完成图表的设置后，单击幻灯片的空白处即可返回幻灯片编辑状态，双击图表，又可以进入图表编辑状态。

四、演示文稿的设置与输出

1．设置动画效果

设置动画效果的操作步骤如下：

（1）选择幻灯片中需要设置动画的图片、文本、或其他元素。

（2）执行"幻灯片放映"→"自定义动画"菜单命令，显示"自定义动画片"任务窗格。

（3）单击"添加效果"下拉按钮，在下拉列表中依次展开级联菜单，选择其中的动画效果方案。

2．设置超链接

幻灯片超链接是指从一张幻灯片跳转到另一张幻灯片，网页，文件或者自定义放映的连接。

（1）选择要设置链接的对象。

（2）执行"插入"→"超链接"菜单命令，或工具栏中的"超链接"按钮。

（3）"插入超链接"对话框中，在左侧的"链接到："中可以选择"本文档中的位置"，然后选择要链接到的幻灯片。在该对话框中还可以设置链接到其他文件或者显示必要的屏幕提示文字。

3．设置动作

（1）选择要设置动作的对。

（2）执行"幻灯片放映"→"动作设置"菜单命令，打开"动作设置"对话框。

（3）设置"单击鼠标"时或者"鼠标移动"时的动作，可以实现链接到相应的幻灯片或者播放声音。

4．设置幻灯片切换

（1）选择需要设置切换方式的幻灯片。

（2）执行"幻灯片放映"→"幻灯片切换"菜单命令，显示出"幻灯片切换"任务窗格。

（3）在任务窗格中选择一种切换方式。

（4）在"修改切换效果"区域中设置切换速度以及是否加入声音效果。

（5）设置换片方式，一般使用"单击鼠标时"，也可以设置固定的时间间隔。

（6）单击"应用于所有幻灯片"按钮，则设置对所有幻灯片有效，否则只对当前幻灯片有效。

5. 设置放映类型

在"设置放映方式"对话框中可以设置放映类型包括设置演示文稿的放映类型、放映的幻灯片序号以及幻片方式等。其中放映类型包括：

（1）演讲者放映（全屏幕）：可以通过快捷菜单或 PageDown 键、PageUp 键显示不同的幻灯片。

（2）观众自行浏览（窗口）：可以利用滚动条或"浏览"菜单显示所需的幻灯片；可以利用"编辑"菜单中的"复制幻灯片"命令将当前幻灯片图像复制到剪切板上；也可以通过"文件"菜单的"打印"命令打印幻灯片。

（3）在展台浏览（全屏）：在放映过程中，除了保留鼠标用于选择屏幕对象外，其余功能全部失效（连终止也要按 Esc 键）。因为展出时不需要现场修改，也不需要提供额外功能，以免破坏演示画面。

6. 打包输出演示文稿

使用 PowerPoint 提供的演示文稿"打包"工具，可以将放映演示文稿所涉及的有关文件和程序连同演示文稿一起打包，形成一个文件。可以避免遗漏超链接的文件或者本机安装的特殊字体。而且即使其他计算机上未安装 PowerPoint，也可以运行打包的演示文稿。

7.3 例题解析

【例 1】在 PowerPoint 2003 中，演示文稿默认的扩展名为（　　）。

    A．.doc　　　　　　B．.bmp　　　　　　C．.ppt　　　　　　D．.rar

【答案】C。

【分析】PowerPoint 演示文稿默认的扩展名为.ppt；演示文稿模板的扩展名为.pot；保存为直接放映方式的文件的扩展名为.pps。

【例 2】PowerPoint 2003 中可以插入的内容有（　　）。

    A．文字、图表、图像　　　　　　　B．声音、视频

    C．超级链接　　　　　　　　　　　D．以上都是

【答案】D。

【分析】本试题主要考查 PowerPoint 幻灯片中可以插入的对象，其中文字、图表、图像、声音、视频、超级链接都是可以插入的。

【例 3】在"幻灯片浏览"视图下，不允许进行的操作是（　　）。

    A．幻灯片切换　　　　　　　　　　B．幻灯片移动和复制

    C．幻灯片内容编辑　　　　　　　　D．设置动画效果

【答案】C。

【分析】在幻灯片浏览视图下可以完成幻灯片的移动、复制、删除、设置动画效果、切换效果等，不能对幻灯片的内容进行编辑。要完成幻灯片内容的编辑，需进入普通视图。

【例4】在幻灯片视图窗格中，要删除选中的幻灯片，不能实现的操作是（　　）。

  A．按下键盘上的 Delete 键

  B．按下键盘上的 BackSpace 键

  C．执行"工具"菜单中的"隐藏幻灯片"命令

  D．执行"视图"菜单中的"删除幻灯片"命令

【答案】C。

【分析】本题主要考查隐藏和删除的区别，隐藏幻灯片只是在放映时不显示，但并没有删除。

【例5】在 PowerPoint 2003 中，可将一组预定义的幻灯片项目色彩效果一次应用于全部幻灯片的是（　　）。

  A．设计模板   B．自定义动画

  C．配色方案   D．幻灯片版式

【答案】C。

【分析】本题主要考查对三个概念的理解应用。其中设计模板主要是指预先定义好的包含有配色方案、背景图案、版式等多各对象的模板；配色方案是指为幻灯片预设的一组前景、文本、阴影、填充等颜色的组合；幻灯片版式是指利用母板设置的幻灯片的布局。

【例6】在新插入幻灯片的占位符以外输入文字，应先输入一个_____，然后再在其中输入文字内容。

【答案】文本框。

【分析】本题主要考查 PowerPoint 中文字的输入方法。在 PowerPoint 中向幻灯片添加文本，一般是通过插入文本框操作进行的。占位符实质上也是版式中预先设定的文本框。

【例7】在介绍公司产品中的演示文稿中，如果希望公司的徽标出现在所有的幻灯片中，则可以将其加入到_____中。

【答案】幻灯片母版。

【分析】本题主要考查对母版的理解应用。在 PowerPoint 演示文稿的制作过程中，可以通过设计母版在所有幻灯片中加入相同的对象，使制作的演示文稿风格一致、美观大方，增强演示效果。

7.11 巩固练习

一、填空题

1．PowerPoint 创建的文件称为_____，其扩展名为_____。

2．要修改幻灯片的母版，应使用_____菜单中的母版命令。

3．在每张幻灯片中添加页码，可以通过"视图"菜单中的_____命令。

4．在 PowerPoint 幻灯片中插入竖排的文字，应该在绘图工具栏上单击_____按钮。

5．执行"插入"→"新幻灯片"命令添加新幻灯片时，插入的新幻灯片类型是_____。

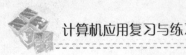

6．三个按钮分别对应着_____、_____、_____。

7．可以通过单击_____按钮或者选择菜单_____中的_____命令来播放演示文稿。

8．_____就是保证演示文稿一致性的一组母版和配色方案。

9．修改模板颜色可选择_____菜单中的_____即可。

10．PowerPoint 可以设置不同的放映方式，包括_____、_____、_____三种。

11．在 PowerPoint 中若幻灯片在播放时显示的下一张幻灯片从上面插入到屏幕上，这是因为设置了_____效果，操作时应选择_____菜单中的_____命令进行设置。

12．在 PowerPoint 中，控制幻灯片外观的方法有_____、配色方案、设计模板。

13．在 PowerPoint 中，模板是一种特殊文件，其扩展名为_____。

14．向幻灯片插入硬盘中的视频电影，可以通过插入菜单中的_____→"文件中的影片"命令来完成。

15．在 PowerPoint 2003 中，使所有幻灯片上均出现"图片"字样的最好方法是_____。

16．在 PowerPoint 中，可以对幻灯片进行移动、删除、复制、设置动画效果，但不能对单独的幻灯片的内容进行编辑的视图是_____。

17．对幻灯片进行背景设置可以使用_____菜单中的_____命令。

18．能规范一套幻灯片的背景、图像、色彩搭配的是_____。

19．在幻灯片播放时，如果不想按默认的顺序播放，可以利用"幻灯片放映"菜单中的_____来定义播放的次序。

20．在 PowerPoint 中，如果想让幻灯片播放时实现自动播放功能，可以利用_____功能来记录每张幻灯片放映停留的时间以及幻灯片中动画效果的播放时间。

21．将多张幻灯片合为一页打印，PowerPoint 提供了_____方法。

22．_____可以实现放映时在幻灯片上书写来加以提示。

23．在 PowerPoint 2003 中，有幻灯片母版、讲义母版、_____三种类型。

24．在 PowerPoint 中，播放幻灯片时从当前幻灯片跳转到演示文稿的其他幻灯片中，可以通过命令_____或者"超级链接"命令来实现。

25．演示文稿打包成功后，双击运行打包文件中的_____文件，即开始放映演示文稿。

二、选择题

1．在 PowerPoint 中，模板是一种特殊文件，扩展名是（　　）。

A．.POT 　　　　　B．.PPT 　　　　　C．.PPS 　　　　　D．.PPA

2．（　　）是制作幻灯片的主要场所。

A．浏览视图 　　　B．备注页视图 　　C．普通视图 　　　D．大纲视图

3．下列视图方式中，不属于 PowerPoint 视图的是（　　）。

A．幻灯片放映视图 　　　　　　　　　B．备注页视图

C．普通视图 　　　　　　　　　　　　D．页面视图

4．在演示文稿中插入一张新幻灯片的快捷键是（　　）。

A．Ctrl+H 　　　　B．Ctrl+N 　　　　C．Ctrl+M 　　　　D．Ctrl+O

5．在 PowerPoint 2003 中，可以为文本、图形设置动画效果，使用的是（　　）菜单中

的"自定义动画"命令。

  A．格式   B．视图   C．幻灯片放映   D．工具

  6．在 PowerPoint 2003 中，如果放映演示文稿时无人看守，放映的类型最好选择（　　）。

  A．演讲者放映   B．在展台浏览

  C．观众自行浏览   D．排练计时

  7．（　　）视图方式下，显示的是幻灯片的缩图，适用于对幻灯片进行组织和排序、添加切换功能和设置放映时间。

  A．幻灯片   B．大纲   C．幻灯片浏览   D．备注页

  8．PowerPoint 提供了多种（　　），它包含了相应的配色方案、母版和字体样式等，可供用户快速生成风格统一的演示文稿。

  A．版式   B．模板   C．母版   D．幻灯片

  9．演示文稿中的每张幻灯片都是基于某种（　　）创建的，它预定义了新建幻灯片的各种占位符布局情况。

  A．版式   B．模板   C．母版   D．幻灯片

  10．PowerPoint 中，有关排练计时的说法中错误的是（　　）。

  A．可以首先放映演示文稿，进行相应的演示操作，同时记录幻灯片之间切换的时间间隔

  B．要使用排练计时，请执行"幻灯片放映"菜单中的"排练计时"命令

  C．系统以窗口方式播放

  D．如果对当前幻灯片的播放时间不满意，可以单击"重复"按钮

  11．在 PowerPoint 的组织结构图窗口中，如果要为某个部件添加若干下级分支，则应选择（　　）按钮。

  A．部下   B．同事   C．经理   D．助理

  12．PowerPoint 中，有关幻灯片母版的说法中错误的是（　　）。

  A．只有标题区、对象区、日期区、页脚区

  B．可以更改占位符的大小和位置

  C．可以设置占位符的格式

  D．可以更改文本格式

  13．在 PowerPoint 中，用户可以自己设计模板，自定义的设计模板（　　）。

  A．可以保存在 Templates 文件夹中

  B．可以保存在自己创建的文件夹中

  C．不能保存在 Templates 文件夹中

  D．上述 A、B 选项均正确

  14．在设置幻灯片背景时，如果选中"忽略母版的背景图形"，则（　　）。

  A．背景图形被删除   B．背景图案被隐藏

  C．背景颜色被隐藏   D．背景消失

  15．PowerPoint 中，在浏览视图下，按住 Ctrl 键并拖动某幻灯片，可以完成（　　）操作。

  A．移动幻灯片   B．复制幻灯片

C. 删除幻灯片　　　　　　　　　　　　　D. 选定幻灯片

16. PowerPoint 中，在（　　）视图下不可以进行插入新幻灯片的操作。

A. 大纲　　　　　B. 幻灯片　　　　　C. 备注页　　　　　D. 放映

17. 关于 PowerPoint 的配色方案正确的描述是（　　）。

A. 配色方案的颜色用户不能更改

B. 配色方案只能应用到某张幻灯片上

C. 配色方案不能删除

D. 应用新配色方案，不会改变进行了单独设置颜色的幻灯片颜色

18. 如果要从一个幻灯片淡入到下一个幻灯片，应使用菜单"幻灯片放映"中的（　　）命令进行设置。

A. 动作按钮　　　　B. 预设动画　　　　C. 幻灯片切换　　　　D. 自定义动画

19. 如果要从第三张幻灯片跳转到第八张幻灯片，需要在第三张幻灯片上设置（　　）。

A. 动作按钮　　　　B. 预设动画　　　　C. 幻灯片切换　　　　D. 自定义动画

20. 对于演示文稿中不准备放映的幻灯片可以用（　　）下拉菜单中的"隐藏幻灯片"命令隐藏。

A. 工具　　　　　B. 幻灯片放映　　　　C. 视图　　　　　D. 编辑

21. PowerPoint 中，有关人工设置放映时间的说法中错误的是（　　）。

A. 只有单击鼠标时换页

B. 可以设置在单击鼠标时换页

C. 可以设置每隔一段时间自动换页

D. B、C 两种方法可以换页

22. PowerPoint 中，下列有关运行和控制放映方式的说法中错误的是（　　）。

A. 用户可以根据需要，使用三种不同的方式运行幻灯片放映

B. 要选择放映方式，单击"幻灯片放映"菜单中的"设置放映方式"命令

C. 三种放映方式为演讲者放映（窗口）、观众自行浏览（窗口）、在展台浏览（全屏幕）

D. 对于演讲者放映方式，演讲者具有完整的控制权

23. PowerPoint 中，为了使所有幻灯片具有一致的外观，可以使用母版，用户可进入的母版视图有幻灯片母版和（　　）。

A. 备注母版　　　B. 讲义母版　　　　C. 普通母版　　　　D. A 和 B 都对

24. PowerPoint 中，有关备注母版的说法错误的是（　　）。

A. 备注的最主要功能是进一步提示某张幻灯片的内容

B. 要进入备注母版，可以选择视图菜单的母版命令，再选择"备注母版"

C. 备注母版的页面共有五个设置：页眉区、页脚区、日期区、幻灯片缩图和数字区

D. 备注母版的下方是备注文本区，可以像在幻灯片母版中那样设置其格式

25. 在"幻灯片浏览视图"模式下，不允许进行的操作是（　　）。

A. 幻灯片的移动和复制　　　　　　　　B. 设置动画效果

C. 幻灯片删除　　　　　　　　　　　　D. 幻灯片切换

26. PowerPoint 中，有关设计模板下列说法错误的是（　　）。

A．它是控制演示文稿统一外观的最有力、最快捷的一种方法

B．它是通用于各种演示文稿的模型，可直接应用于用户的演示文稿

C．用户不可以修改

D．模板有两种：设计模板和内容模板

27．PowerPoint 中，为了使所有幻灯片具有一致的外观，可以使用母版，用户可进入的母版视图有幻灯片母版、标题母版和（　　）。

A．备注母版　　　　B．讲义母版　　　　C．普通母版　　　　D．A 和 B 都对

28．PowerPoint 中，有关选定幻灯片的说法中错误的是（　　）。

A．在浏览视图中单击幻灯片，即可选定

B．如果要选定多张不连续幻灯片，在浏览视图下按 Ctrl 键并单击各张幻灯片

C．如果要选定多张连续幻灯片，在浏览视图下，按下 Shift 键并单击最后要选定的幻灯片

D．在幻灯片放映视图下，也可以选定多个幻灯片

29．PowerPoint 中，在（　　）视图中，可以轻松地按顺序组织幻灯片，进行插入、删除、移动等操作。

A．备注页视图　　　　　　　　　B．幻灯片浏览视图

C．幻灯片视图　　　　　　　　　D．大纲视图

30．在 PowerPoint 中，不能对个别幻灯片内容进行编辑修改的视图方式是（　　）。

A．大纲视图　　　　　　　　　　B．幻灯片浏览视图

C．幻灯片视图　　　　　　　　　D．以上三项均不能

31．PowerPoint 中，在浏览视图下，按住 Ctrl 键并拖动某幻灯片，可以完成（　　）操作。

A．移动幻灯片　　B．复制幻灯片　　　　C．删除幻灯片　　　　D．选定幻灯片

32．PowerPoint 中，在（　　）视图下不可以进行插入新幻灯片的操作。

A．大纲　　　　　B．幻灯片　　　　C．备注页　　　　D．放映

33．在 PowerPoint 中，要删除文本的动画效果，正确的是（　　）。

A．选中文本，按 Delete 键

B．选中文本，执行"剪切"命令

C．选中文本，并在自定义动画中选中动画效果，单击"删除"按钮

D．在幻灯片中选择标识动画顺序的号码，按 Delete 键

34．PowerPoint 中，超链接所链接的目标不能是（　　）。

A．幻灯片中在某一个对象　　　　B．同一演示文稿中某一张幻灯片

C．一个网址　　　　　　　　　　D．其他应用程序

35．如果要建立一个指向某一个程序的动作按钮，应该使用"动作设置"对话框中的选项（　　）。

A．无动作　　　　B．运行对象　　　　C．运行程序　　　　D．超链接到

三、判断题

1．设置循环放映时，需要按 Esc 键终止放映。　　　　（　　）

2．PowerPoint 2003 演示文稿文件的默认扩展名为 ppt。　　　　（　　）

3．利用 PowerPoint 2003 可以制作出交互式幻灯片。 （　　）

4．PowerPoint 中，应用设计模板设计的演示文稿无法进行修改。 （　　）

5．在 PowerPoint 2003 中利用文件菜单中的最近使用的文件列表可以打开最近打开过的演示文稿。 （　　）

6．选择从其他演示文稿中插入幻灯片，一次只能选中一张插入。 （　　）

7．在 PowerPoint 2003 中，允许多个不同类型的对象被同时选定。 （　　）

8．演示文稿中的每张幻灯片都有一张备注页。 （　　）

9．占位符是指应用创建幻灯片时出现的虚线方框。 （　　）

10．PowerPoint 的配色方案是专业美工人员精心调配的，用户不可以再进行修改。

（　　）

11．在 PowerPoint 中可以插入图片、声音和视频图像等多媒体信息，但是不能在幻灯片中插入 CD 音乐。 （　　）

12．设置幻灯片的"水平百叶窗"、"盒状展开"等切换效果时，不能设置切换的速度。

（　　）

13．在 PowerPoint 2003 中，要选定多个图形时，需先按住 Alt 键，然后用鼠标单击要选定的图形对象。 （　　）

14．没有安装 PowerPoint 软件的计算机也可以放映演示文稿。 （　　）

15．在 PowerPoint 中，用户可以自定义配色方案，但是不能保存，自定义的配色方案每次需要重新设置。 （　　）

16．PowerPoint 2003 的"幻灯片浏览视图"模式下，可以进行幻灯片的具体内容编辑操作。 （　　）

17．对设置了排练时间的幻灯片，也可以手动控制其放映。 （　　）

18．如果用户对已定义的版式不满意，只能重新创建新演示文稿，无法重新选择版式。

（　　）

19．要修改已创建超级链接的文本颜色，可以通过修改配色方案来完成。 （　　）

20．应用配色方案时只能应用于全部幻灯片，不能只应用于一张幻灯片。 （　　）

四、简答题

1．PowerPoint 2003 有哪几种视图方式？各有什么特点？如何切换？

2．什么是母版？如何更改母版？更改母版对幻灯片有什么影响？

3．幻灯片中设置超级链接的作用是什么？

4．如何创建超级链接至其他演示文稿？

5．如何设置演示文稿的背景？如何调整配色方案？

6．如何设置自定义动画效果？

7．如何设置幻灯片的切换效果？

8．设置定时切换幻灯片放映的方法有几种？分别是什么？

9．幻灯片的放映方式有几种？分别是什么？

10．如何在幻灯片中播放 flash 动画？

11．在 PowerPoint 中，如何录制旁白和设置放映时间？

12．将演示文稿打包时，可以包含哪些内容？如何打包？

7.5　上机练习

操作 1　创建演示文稿

【操作目的】

1．掌握 PowerPoint 创建演示文稿的方法。

2．掌握 PowerPoint 中对幻灯片的修饰方法。

【操作内容】

1．插入图片、文字等。

2．设置幻灯片的动画效果，效果如图 7-1 所示。

图 7-1　幻灯片

【操作步骤】

1．新建文稿

（1）执行"开始"菜单→"程序"→"Microsoft PowerPoint"命令，启动 PowerPoint；

（2）在"新建演示文稿"任务窗格中选中"根据设计模版"；

（3）在"应用设计模版"中选择"古瓶荷花型设计模板"；

（4）执行"格式"菜单中的"幻灯片版式"命令，选中第一张幻灯片（标题幻灯片）；

（5）在"单击此处添加标题"处点击一下，输入"诗词欣赏"；

（6）用左键拖拉选中"诗词欣赏"。

2．设置字体、字号、颜色

（1）选取"格式" 菜单下的"字体"；

（2）在"中文字体"中选中"隶书"；

（3）在"字号"中选"72"。

3．插入图片

（1）执行"插入"→"图片"→"剪贴画"命令，点"搜索"，选中相应图片将其插入文件中；

（2）将图片移至适当位置。

4．自定义动画

（1）单击"诗词欣赏"，鼠标指针出现花型时，直接单击右键，选"自定义动画"选项；

（2）在自定义动画窗格的"添加效果"处设置"百叶窗"。

操作 2　建立图表并设置动画效果

【操作目的】

1．掌握如何建立条形图表；

2．设置动画效果。

【操作内容】

1．建立如下图所示的"三维堆积条形图"的图表；

图书销售额

	1	2	3	4	5	6
东部销售额	13	15	18	24	14	27
西部销售额	11	18	16	12	17	20

2．使用"自定义动画"命令设置动画效果，效果如图 7-2 所示。

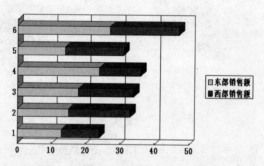

图 7-2　"图书销售额"幻灯片效果图

【操作步骤】

1．设置条型图表

（1）在演示文稿中新建一张空白幻灯片；

（2）执行"插入"→"图表"命令，启动"MS Graph"图表应用程序，输入如上表所示的数据；

（3）执行"图表"→"图表类型"命令，打开"图表类型"对话框，选择"条形图"，在"子图表类型"对话框中选择"三维堆积条形图"；

（4）完成图表的设置后，单击幻灯片的空白处即可返回幻灯片编辑状态。

2．设置动画效果

（1）右击新建的图表，执行"自定义动画"命令；

（2）在"自定义动画片"任务窗格中，单击"添加效果"下拉按钮，在下拉列表选择"进入"→"棋盘"，"开始"选择"单击时"，方向选择"下"选项；

（3）放映幻灯片，观察设置效果。

操作 3　演示文稿的交互设置

【操作目的】

1．掌握幻灯片动作按钮；

2．掌握超级链接。

【操作内容】

1．执行"幻灯片放映"→"动作按钮"命令；

2．设置播放声音及超级链接。

【操作步骤】

1．设置动作按钮

（1）打开演示文稿，并切换到要创建动作按钮的第一张幻灯片；

（2）执行"幻灯片放映"→"动作按钮"菜单命令；

（3）从弹出的动作按钮列表中选择需要的"结束"动作按钮；

（4）将光标移动到要放置动作按钮的位置，单击鼠标左键，动作按钮即会出现在幻灯片上，同时，弹出"动作设置"对话框。

2．设置播放声音及超级链接

（1）单击"鼠标移过"选项卡，选中"播放声音"复选框，并在"播放声音"下拉列表框中选择打字机声音；

（2）单击"单击鼠标"选项卡，打开"超级链接到"下面的下拉列表，选择"最后一张幻灯片"；

（3）单击"确定"按钮。

操作 4　幻灯片切换操作

【操作目的】

1．掌握幻灯片切换操作；

2．设置切换声音效果。

【操作内容】

1．打开"幻灯片切换"任务窗格，选择切换方式；

2．设置换片方式。

【操作步骤】

1. 选择任一张幻灯片；
2. 执行"幻灯片放映"→"幻灯片切换"命令，显示出"幻灯片切换"任务窗格；
3. 在任务窗格中选择一种切换方式"纵向棋盘式"；
4. 在"修改切换效果"区域中设置切换速度为"中速"以及声音效果选择"推动"；
5. 设置换片方式为"每隔00：10"；
6. 单击"应用于所有幻灯片"按钮。

操作 5 制作"三亚欢迎您"演示文稿

【操作目的】

1. 熟悉 PowerPoint 的基本操作和与各种媒体的结合；
2. 掌握在幻灯片中插入不同类型的对象：文本、图片、动画、影片等；
3. 掌握幻灯片中自定义动画的应用。

【内容步骤】

1. 打开 PowerPoint，新建空演示文稿，将整个演示文稿设置成"诗情画意"模板。演示文稿保存在 D：盘下的 qingdao.ppt 文件中。

2. 第一张幻灯片版式用"标题和文本"，标题内容："三亚欢迎您"并设为隶书 60 号字；主文档内容：

三亚简介

三亚风光

视频欣赏

设为黑体 32 号字。幻灯片切换效果设置为"中速、向下擦除"。

3. 第二张幻灯片用"空白幻灯片"，左侧插入竖排文字："三亚简介"设为红色隶书 60 号字并设置字体阴影效果，应用"阴影样式 1"，右侧输入相应的简介内容。

4. 将第二张幻灯片的背景填充预设颜色为"金乌坠地"，底纹样式为"横向"；幻灯片的切换效果设置为"向下插入"。

5. 设置第二张幻灯片的自定义效果：在单击鼠标时由上部切入。

6. 第三张幻灯片用"空白幻灯片"，插入相关的三亚风光的图片，设置各图片动画效果为"自由路径"。

7. 从网上下载介绍三亚的相关视频导入第四张幻灯片，禁止自动播放，调整视频文件的位置及大小以适应屏幕（不要全屏）。在视频文件的上方插入文本"视频欣赏"（黑体 24 号字）。

8. 设置第四张幻灯片的自定义动画，鼠标点击后出现标题"视频欣赏"，然后点击视频文件，开始播放视频文件。

9. 在第一张幻灯片中设置超链接，使 1、2、3 三句话点击后可以到达向第二、三、四张幻灯片。在第二、三、四张幻灯片中添加返回按钮放置在幻灯片的右下角，设置按钮的超级链接，动画播放时点击该按钮返回到第一张幻灯片。

10. 打包成.pps 文件（文件名同 ppt 文件）。

附录：参考答案

第1章　计算机基础知识

一、填空题

1．四　　　　　2．应用软件　　3．二进制　　　4．内存
5．显示器　　　6．解释　　　　7．高速缓冲存储器　8．Ctrl+Shift
9．分辨率　　　10．CPU　　　　11．PrtSc　　　　12．地址
13．程序　　　14．控制　　　15．桌面、当前窗口　16．对话框
17．窗口　　　18．传染　　　19．过程控制
20．串　　热拔插　　即插即用

二、选择题

题号	1	2	3	4	5	6	7	8	9	10
答案	C	B	D	A	B	C	A	C	B	D
题号	11	12	13	14	15	16	17	18	19	20
答案	D	D	A	B	A	A	D	A	C	A
题号	21	22	23	24	25	26	27	28	29	30
答案	C	A	A	A	C	B	B	D	D	D
题号	31	32	33	34	35					
答案	A	B	C	C	C					

三、判断题

题号	1	2	3	4	5	6	7	8	9	10
答案	×	×	×	×	√	√	×	√	√	×
题号	11	12	13	14	15					
答案	√	√	√	×	×					

四、简答题

略。

第 2 章 Windows XP 操作

一、填空题

1．文件	2．单用户多任务	3．硬盘	4．控制面板
5．发送到	6．剪贴板	7．文件 3	8．居中
9．层叠窗口	10．Shift	11．内存	12．回收站
13．表示任意多个字符	14．Ctrl+Shift	15．Shift	16．Shift
17．复制	18．控制面板	19．启动	20．任务栏

二、选择题

题号	1	2	3	4	5	6	7	8	9	10
答案	C	C	A	B	C	C	A	C	B	A
题号	11	12	13	14	15	16	17	18	19	20
答案	C	C	A	C	D	D	B	A	D	C
题号	21	22	23	24	25	26	27	28	29	30
答案	A	A	D	C	C	D	C	A	C	A
题号	31	32	33	34	35					
答案	B	C	A	B	D					

三、判断题

题号	1	2	3	4	5	6	7	8	9	10
答案	×	×	√	×	√	√	×	√	√	√
题号	11	12	13	14	15	16	17	18	19	20
答案	×	×	×	√	√	√	×	√	×	√
题号	21	22	23	24	25					
答案	√	×	×	×	×					

四、简答题

略。

第 3 章 因特网应用

一、填空题

1．ARPAnet	2．局域	3．超文本传输	4．IP 地址
5．用户名	6．HTML	7．域名解析	8．传输控制协议
9．com	10．TCP/IP	11．网关	12．广域网
13．超文本方式	14．https://	15．局域网	16．服务器
17．物理层	18．HTTP	19．远程登录	20．FTP
21．双绞线	22．统一资源定位器		23．协议
24．环球信息网	25．环型		

二、选择题

题号	1	2	3	4	5	6	7	8	9	10
答案	D	B	D	B	B	C	D	D	B	C
题号	11	12	13	14	15	16	17	18	19	20
答案	C	C	B	A	B	A	A	A	A	A
题号	21	22	23	24	25	26	27	28	29	30
答案	B	D	C	A	D	C	D	B	B	A
题号	31	32	33	34	35					
答案	C	B	D	C	D					

三、判断题

题号	1	2	3	4	5	6	7	8	9	10
答案	×	×	√	×	×	√	√	√	√	×
题号	11	12	13	14	15					
答案	×	√	×	×	×					

四、简答题

略。

第 4 章　Word 文字处理软件的应用

一、填空题

1．页面　　2．视图　　　3．退出（关闭）Word（窗口）4．插入—符号（特殊符号）

5．边框和底纹　　　6．格式—段落　　　7．Ctrl+End　　　　8．插入点

9．图片　　　10．Alt　　　11．页面设置　　　12．工具

13．页面　　　14．绘图　　　15．1，3，5～10　　　16．插入分节符

17．normal.dot　　18．页面设置　　19．Ctrl+A　　　20．另存为

21．2　　　22．打印预览　　　23．设置图片格式　　24．普通

25．图形　　　26．文件　　　27．放大镜　　　28．分隔符

29．视图　　　30．撤销

二、选择题

题号	1	2	3	4	5	6	7	8	9	10
答案	B	B	C	A	B	C	B	C	C	B
题号	11	12	13	14	15	16	17	18	19	20
答案	B	B	A	B	D	D	C	D	B	C
题号	21	22	23	24	25	26	27	28	29	30
答案	D	D	B	D	C	A	D	C	A	C
题号	31	32	33	34	35	36	37	38	39	40
答案	D	A	C	B	D	B	B	A	A	C
题号	41	42	43	44	45	46	47	48	49	50
答案	B	C	A	B	A	C	A	C	D	B

三、判断题

题号	1	2	3	4	5	6	7	8	9	10
答案	×	×	√	√	√	√	√	×	√	×
题号	11	12	13	14	15	16	17	18	19	20
答案	√	×	×	√	√	√	√	√	√	√
题号	21	22	23	24	25	26	27	28	29	30
答案	×	√	√	×	×	√	×	×	×	×
题号	31	32	33	34	35	36	37	38	39	40
答案	×	√	√	√	√	√	√	×	×	×

四、简答题

略。

第 5 章　Excel 电子表格处理软件的应用

一、填空题

1. 工作表　　　　　2. B3 单元格的绝对地址　　　　3. 括号

4. TRUE　　　　　5. 求 A1 至 A5 单元格区域的和　　6. Ctrl+;

7. '（单引号）　　　8. MAX　　　　9. 对齐　　　10. 排序

11. book1　　　　　12. Alt+Enter　　　13. Sheet1!F6（或 F6）

14. 3　　　　　　　15. 相对引用　　　16. =C$5　　　17. 高级筛选

18. 数据　　　　　　19. 123　　　　　20. 8　　　21. 256×65536

22. 工作簿　　　　　23. =D$5+$B6　　24. B　　　　25. =SUM(C4:C5)

26. #NAME?　　　　27. =AVERAGE（C2:D7，F2:F5）　　28. 系科

29. 选择性粘贴　　　30. 9

二、选择题

题号	1	2	3	4	5	6	7	8	9	10
答案	C	C	B	B	B	B	D	B	B	A
题号	11	12	13	14	15	16	17	18	19	20
答案	B	C	B	A	D	C	B	A	C	A
题号	21	22	23	24	25	26	27	28	29	30
答案	B	D	C	B	D	C	D	B	B	A
题号	31	32	33	34	35	36	37	38	39	40
答案	A	B	D	D	C	B	B	D	D	B
题号	41	42	43							
答案	B	B	D							

三、判断题

题号	1	2	3	4	5	6	7	8	9	10
答案	×	√	√	×	×	×	×	×	√	√
	11	12	13	14	15	16	17	18	19	20
	×	×	×	×	√	×	√	√	×	×

四、简答题

略。

第 6 章　多媒体软件应用

一、填空题

1．文本　图形　视频　　2．数据压缩技术　　3．TXT　DOC
4．小　不会　　5．图片另存为　　6．MP3
7．CCD 元件、CMOS 器件　　8．图像浏览及处理　　9．帧
10．JPEG　　11．更大　　12．交互性
13．双击　　14．手动浏览、自动浏览　　15．图像编辑
16．音频处理　　17．Windows Media Player　　18．影片剪辑
19．标题、音频、转场、视频　　20．从光盘添加音频文件
21．刻录到 VCD 或 DVD 光盘　　22．特殊效果。

二、选择题

题号	1	2	3	4	5	6	7	8	9	10
答案	C	D	B	C	C	B	D	B	D	D
题号	11	12	13	14	15	16	17	18	19	20
答案	C	D	B	C	B	C	D	C	B	C
题号	21	22	23	24	25	26	27	28	29	30
答案	D	D	A	C	A	C	C	A	C	A
题号	31	32	33	34	35	36				
答案	A	D	B	C	D	D				

三、判断题

题号	1	2	3	4	5	6	7	8	9	10
答案	√	√	×	√	×	×	√	√	√	×
题号	11	12	13	14	15	16	17	18	19	20
答案	√	×	√	√	×	×	√	×	×	×

四、简答题

略。

第 7 章　PowerPoint 演示文稿的应用

一、填空题

1．演示文稿 ppt　　2．视图　　3．页眉和页脚　　4．竖排文本框
5．标题和文本　　6．普通视图、幻灯片浏览视图、幻灯片放映
7．幻灯片放映视图、幻灯片放映、观看放映　　8．设计模板
9．格式、幻灯片配色方案　　10．演讲者放映、观众自行浏览、在展台浏览

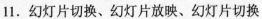
11．幻灯片切换、幻灯片放映、幻灯片切换　　　12．背景

13．.pot　　　14．影片和声音　　　15．使用幻灯片母版

16．幻灯片浏览　　　17．格式、背景　　　18．设计模板

19．自定义放映　　　20．排练计时　　　21．创建讲义

22．绘图笔　　　23．备注母版　　　24．动作按钮

25．PLAY

二、选择题

题号	1	2	3	4	5	6	7	8	9	10
答案	A	C	D	C	C	B	C	B	A	C
题号	11	12	13	14	15	16	17	18	19	20
答案	A	A	D	B	B	D	D	C	A	B
题号	21	22	23	24	25	26	27	28	29	30
答案	A	C	D	C	B	C	D	D	B	B
题号	31	32	33	34	35					
答案	B	D	C	A	C					

三、判断题

题号	1	2	3	4	5	6	7	8	9	10
答案	√	√	√	×	√	×	√	√	√	×
题号	11	12	13	14	15	16	17	18	19	20
答案	√	×	×	√	×	×	√	×	√	×

四、简答题

略。